毛沢東の兵、海へ行く

島嶼作戦と中国海軍創設の歩み

Toshi Yoshihara
トシ・ヨシハラ
田北真樹子〈訳〉 山本勝也〈監修〉

Mao's Army Goes to Sea

The Island Campaigns and the Founding of China's Navy

扶桑社

MAO'S ARMY GOES TO SEA

THE ISLAND CAMPAIGNS AND THE FOUNDING OF CHINA'S NAVY

by TOSHI YOSHIHARA

Japanese translation rights arranged with GEORGETOWN UNIVERSITY PRESS through Japan UNI Agency, Inc., Tokyo

スーザン、テレサ、ドロシーへ

毛沢東の兵、海へ行く 島嶼作戦と中国海軍創設の歩み★目次

北京
北朝鮮
韓国
日本
黄海
中国
南京
上海
長江
嵊泗列島
舟山群島
大陳列島
披山島
東シナ海
福州
泉州
漳州
台湾
広州
廈門島
太平洋
万山諸島
海口
南シナ海
海南島
フィリピン
0 250km
0 250M

謝辞

本書は予想外の出版だった。1990年代後半から私は中国海軍の現在と将来に絞って、相当集中的に研究してきた。というのも、これまで中国海軍の起源とされてきたことは、せいぜい後付けだったからだ。共産中国の海洋に関する初期の軽蔑的な解釈を私は長い間、無批判で受け入れていた。一般の理解は、中国の海洋思考はその大半がソ連のまねであり、海軍の創設者たち——中国共産党への忠誠心で選ばれた陸軍将校——は海の大事業にほとんど貢献しなかった、というものだ。

私の見解は、歴史をたどる過程で想定外の回り道をしたことから一変した。私が知的な旅をスタートしたのは、中国の公開文書で、1974年のパラセル諸島をめぐる中国と南ベトナムの短く、激しい衝突に遭遇した時だった。西側諸国の基準ではマイナーで、あまり知られていない、この海戦での中国の勝利は中国に南シナ海での足場を与えた。私はこの海戦に関する文書の入手が可能なことに驚き、文書が作戦の成功に関して豊富な材料を提供していることを発見した。この発見を基に、私はパラセル諸島をめぐる海戦に関する中国の見方を記録した記事を2016年の海軍大学紀要「Naval War College Review」に寄稿した。

さらに時間を遡ると、中国海軍の創設と共産中国の初期のオフショア作戦に関する大量の文献が見つかった。なかには、中国の海洋への転換における重要な最初の数ヵ月に参画した人たちが直接語ったものもあった。中国人が語り継いできた海軍の原点は、西側が考えるよりもはるかに内容があった。1974年のパラセル諸島をめぐる海戦と、今日の中国の海洋における行動の類似点を見てとった私は、現在の中国のシーパワーに影響を与えたかもしれない1949年と1950年のパターンに気づいた。21世紀の海洋における中国の将来性を理解するには、過去について精通することが必要だと確信したのだ。このように、本書は時間を遡る中の飛躍から生まれたものである。

本書の出版を可能にしてくれた多くの同僚に恩義を感じている。米シンクタンク「戦略予算評価センター（CSBA）」代表兼CEOのトーマス・G・マーンケン氏には企画着想の段階から出版にいたるまで、惜しみない支援を与えていただいたことに感謝する。下書きの段階で優れたフィードバックをくれたエヴァン・モンゴメリー氏、「プロジェクト2049インスティテュート」のイアン・イーストン氏、日本戦略研究フォーラム上席研究員のグラント・ニューシャム氏、米ジョージア工科大学リサーチ・インスティテュート上席調査員のジョーン・シュルツ氏、米海兵隊のアントニー・ヘンダーソン准将に感謝申し上げる。ヘンダーソン准将の助言は完全に彼個人のものであり、米国防総省や海軍省、米政府を代表するものではない。このほか、この研究は3人の名もなき批評家からの建設的で博学なコメントの恩恵を受けた。また、グレース・キムさん、ジョシュ・チャンさん、ピーター・クレトソスさんには丹念な調査による支援に特に感謝する。そして、何よりも私の妻、スーザンと2人の娘、テレサとドロシーの愛と支援に感謝する。

第1章　序論

本書は人民解放軍（People's Liberation Army＝ＰＬＡ）が初めて海とめぐりあった時の物語である。中国語の出典から幅広く引用し、毛沢東の軍隊が中国周辺の海を制するために手がけた中国海軍の創設と黎明期の海戦、水陸両用作戦をたどる。各章で、毛沢東の信頼する軍幹部たちが中国本土での内戦が終結に近づくなか、新しい海軍の立ち上げと、海での戦いにどれだけ苦心したかを詳述する。さらに、海軍建設の過程と多数の大規模な海戦、そして争われた沖合の島への上陸が、中国の軍事機構や展望、戦略、ドクトリン、軍隊体制に及ぼした永続的な影響を明かす。

１９４９年４月、中国共産党の人民解放軍は長江を渡った。渡河は、毛沢東の本土征服にとって最後の主要なハードルだった。国民党軍の抵抗が崩壊する中、ＰＬＡは中国南部を席巻して勝利を収め、東シナ海と南シナ海に面する長い海岸線に到達した。海と接触した後、彼らは陸上での作戦上の課題を、海上での国民党の脅威という新しい種類の問題と交換したことに気づいた。沿岸から数海里離れた島々に隠れていた国民党軍兵士を追い払うために、共産党軍は全く新しい環境での戦い方を学ばなければならなかった。１９４９年４月から１９５０年10月まで18カ月をかけて、毛沢東の部下は国民党軍を沿岸の島々、そして最終的には台湾から追い出すための即席の上陸作戦に着手する一方で、大急ぎでゼロから新しい海軍を立ち上げたのだった。

海へ漕ぎ出した陸軍

ここに記す話は、驚くべきことだが、西側ではほとんど知られていない。革命を求め、農業を生活の基盤とする陸軍は海軍力に無縁だったため、抜本的に新しい状況に適応しなければならなかった。根っからの陸軍幹部でさえ海事や海軍の戦術に詳しくならなければならず、その一方で、百戦錬磨の兵士たちでもその多くは海をみたこともないのに海を渡ったり、海岸に上陸することが求められたりした。毛沢東と陸軍の高級指揮官たちも新しい海軍のユニークな組織的、物理的な要求に当惑していた。海軍創設が単なる技術的な問題ではないことも理解していた。それは武器の鍛造と同じように人材育成に通じるものがあった。さらに状況はといえば、共産党軍がこれといった海軍も空軍も近代的な産業基盤もほとんど持ち合わせていないのに、いまだに空と海を支配する敵にＰＬＡは対峙していた。

しかし、2年も経たないうちに、毛沢東と彼の司令官たちは、最も破滅的な敗北を経験しながらも、いくつかの重要な勝利を収めるにいたった。東部戦区や東海艦隊の前身である華東軍区海軍の創設は、人民解放軍海軍（People's Liberation Army Navy＝ＰＬＡＮ）となる国家の海軍建設への組織的実験となった。共産党は、捕虜となった、または投降した中国国民党（Kuomintang＝ＫＭＴ）の将校や乗員のほか、漁民や商人、そして彼らの船などをかき集めて間に合わせの海軍を作り、海軍指導部は電光石火の速さで海軍学校を立ち上げ、次世代の海軍将校と軍を育成するためのシステムを構築した。１９５０年秋には、中国海軍は長期的なビジョンと具体的な建軍計画を立てていた。ところが、朝鮮戦争勃発とその後の毛沢東による紛争介入の決断によって突然、北京の優先順位は変わり、海軍計画は大幅に縮小されてしまった。

ＰＬＡＮの組織的な発展と並行して展開されたのは、国民党軍が支配する沿海の島々を奪取するための上陸作戦だった。ＰＬＡは島嶼《とうしょ》奪取のために驚くほど多様な作戦を実施した。目的や上陸規模、そして物理的な地形は異なっており、戦闘による戦略的な結果も同じように多様だった。本土の広範な土地を征服した陸軍の野戦軍は中国南東部と南部の海岸にそって上陸を開始した。第3野戦軍は浙江省と福建省にかけての作戦を担当し、第4野戦軍は広東省から少し離れた島を奪取する任務を担った。

1949年10月、第3野戦軍が、福建省の沖合の小さな駐留部隊しかない金門島を取れなかった見るも無惨な敗北は、毛沢東の元々の台湾侵攻計画を狂わせ、今日にいたる海峡をまたぐ膠着状態の始まりを告げるものとなった。悲惨な作戦によって9000人ほどの3個連隊が数日で全滅させられたことは、毛沢東と司令官らに相当なショックを与えた。ただ、敗北は、海戦や上陸戦という激しく容赦ない現実に共産党を覚醒させるきっかけにもなった。金門島の悲劇は歴代戦区司令官が重要な教訓を学ぶ反面教師にもなった。作戦は、PLAの歴史学と軍事教育における古典的なケーススタディーとして、今日に深い影響を与えている。中国の研究者と戦略家は敗北の原因と台湾に対する将来的な戦争への意味合いについて、今も議論を続けている。

1950年代はじめ、第4野戦軍はPLAにとって最初の大規模上陸作戦を台湾と同じサイズの海南島で実行した。海南島攻撃で共産党軍は4万5000人ほどの兵を上陸させ、戦後最も大規模な作戦の一つとなった。占領された島は中国にとって南シナ海を見渡す絶好の場所となった。現在、海南島南端にある楡林《ゆりん》海軍基地は地域における中国のシーパワーの中心である。1950年の万山諸島の占領は、陸軍・海軍の最初の共同作戦であり、より著名な1955年の一江山島に対する三軍作戦に先んじて行われた。さまざまな海戦と地上戦は珠江《しゅこう》の河口を一掃し、主要な経済と海洋のハブである広州への海上からのアプローチを確実なものとした。万山作戦は中国海軍にとって初の戦闘計画であり、海軍史には不可欠な存在である。

要するに、この物語は中国海軍に限定したものではない。むしろ、本研究はシーパワーに関する広範な見解を取り入れている。ロンドン大学キングスカレッジ名誉教授で、海洋研究者のジェフリー・ティル氏が指摘するように、シーパワーとは「海軍、沿岸警備隊、広義の海洋産業や民間海洋産業、そして関連性がある場合には陸軍や空軍の貢献も含む」海洋問題の経過と結果を直接決められる国力のすべての手段を包含する。[*1] 本研究が示すように、毛沢東の軍隊や中国の民間海洋分野を含む非海軍手段は、共産党軍の海洋における創設期の勝利には欠かせなかった。

この物語はまた、PLANの起源が、PLAの1949年と1950年の沿岸作戦とは切り離せないことを示す。中国国防大学のある研究は、「海軍創設期の頃、〝沿岸防衛〟的な海軍思考には明らかな〝陸戦〟が刷り込まれていたとの解説がある。海軍防衛をめぐる戦いの中心的な任務は海賊掃討と海上封鎖解除、そして沖合の島々の奪還にあった。これらの任務は陸上戦を沿岸方面へ拡大し続けることを実質的に反映したものだった。それは、新生中国が政治権力を掌握し、確立するための〝仕上げ〟だった」と解説する。[*2]

換言すれば、毛沢東の軍隊は内戦の最後の仕事を成し遂げるために海に出たのであり、海軍創設は概ねその延長線上にある。同時に、軍隊の海上における創設期の経験は、PLANの展望、戦略および戦力を形成した。実際、PLAは沿岸作戦を中国海軍教義の苗木だと考えている。中国国防大学の海戦に関する研究は、「1949年の中国人民解放軍海軍誕生後、海軍は敵に占領された沖合の島々の解放と、敵の海上封鎖を粉砕するためにすぐに投入された。海南島と万山群島、舟山《しゅうざん》列島を解放した海戦経験は、その後の海軍理論の研究に一定の基盤を確立した」と主張している。[*3]

これらの沖合作戦において地上軍や民間船舶、地元船員が中心であることを考えると、狭義の海軍力で見るよりも、シーパワーとして見る方がこの時代を検証するには適切な分析眼であることがわかる。わずか18カ月間の出来事は、中国の海洋に対する見方に影響を与え続ける一連の遺産を生んだ。失敗した金門作戦を含む洋上作戦は、冷戦史における重要な出来事である1954年と1958年の台湾海峡危機の土台を作った。金門島はいまも中国の手が届かず、多くの中国人に中国分裂を思い起こさせる存在である。1950年に中国海軍が創設された時の官僚機構は海軍機構の中核を成している。人民解放軍海軍の創設記念日は1949年4月23日の華東軍区海軍創設日であって、1年後の人民解放軍海軍創設の日ではないことが本質を表している。欺瞞と機動性を重視する中国海軍の教義の要素は、創設期の戦闘を起源としているのだ。

成長期の体験

1949年後半から1950年はじめにおける海軍建設のプロセスと沖合での戦闘は、中国の初期段階の海洋への傾斜と海軍戦略をめぐる重要な議論に影響を与えた。中国海軍の創設と海戦は、今日にも通じる海軍の展望と価値観を形成する成長期の体験だった。実際、共産党が初めて海に出会った時の話は、中国が現在海洋大国として台頭する上で欠かせない歴史的背景となっている。しかし、この物語は欧米ではほとんど知られていない。『毛沢東の兵、海を行く』はこのキャンバスの空白を埋めるとともに、その過程で、欧米が中国の海軍力と将来の軌道を理解する上でいかに歴史が重要であるかを描くものである。

第一に、PLAの海軍増強と初期の沖合作戦が示すのは、中国共産党が中国全土で権力を掌握するはるか以前に、厄介な海上の課題と格闘しなければならなかったことだ。中国沿岸部の征服は、何十年も陸で戦ってきた毛沢東の軍隊を馴染みのない舞台に引き出した。毛沢東が早い段階で中国沿岸海域の厳しい特徴に遭遇し、対応したことは、中国のシーパワーの追求が1970年代末からの鄧小平の改革開放によってより精力的に海洋に目が向けられるよりもはるか前から始まっていたことを示している。欧米の文献は通常、中国の一貫した現代的な海軍戦略の出現を1980年代の劉華清《りゅうかせい》の知的貢献にあったとしている。[*4] この標準的な見解は正しいが、不完全でもある。それは、ポスト毛沢東時代の中国海軍戦略の策定について、初期の海軍の戦闘経験とそれに関連する教義をめぐる議論が果たした役割を過小評価しているからだ。

第二に、海軍誕生にまつわるストーリーは、PLANの組織アイデンティティーの重要な構成要因である。中国の教義に関する文書は、たとえ欧米の基準では小規模な戦闘であったとしても、過去の海戦をPLANの〝栄光の歴史〟だと表現している。[*5] 公式の説明は、海軍の初期の海戦がいかに形勢不利な状況を克服し、技術的にも物理的にも優勢な敵に勝利したかを解説している。PLAの海軍指導部はこの歴史的解釈を、将校以下を鼓舞し動機づけするために繰り返し刷り込んできた。実際、弱者は強者に勝るという考えは、いま現在も中国軍に深く浸透している。[*6] PLAがその過去をどう理解するかは、現在と将来の作戦上の要求をどのように認識するかにほぼ確実に影響を及ぼす。

第三に、1950年8月に開催された中国海軍にとって初の建軍会議は、PLANの教義と戦力建設に永続的なインパクトを与えた。海軍の指導者たちは当初から、PLAの優れた伝統と中心的価値観が中国のシーパワーの根幹であることを主張した。欧米での伝統的な解釈に反して、PLAの将軍たちはソビエト連邦から概念を無差別に借用するような、意志のない機械的な人たちではなかった。たとえば、PLANの教義である「海上破壊工作戦」は1949年に始まった沿岸戦での苦い経験から生まれたものだった。本来の毛沢東主義的な作戦思想に基づき、国民党軍との激しい武力衝突から学んだ共産党は、奇襲戦術と海上における敵の兵站線《へいたんせん》への破壊攻撃に磨きをかけた。とりわけ、海上破壊工作戦は中国海軍の現在の沿岸防衛教義に不可欠である。[*7]

人民解放軍海軍司令官の蕭勁光《しょうけいこう》が、数十年にわたる潜水艦や陸上航空機、高速攻撃艇の増強を打ち出したのは1950年代はじめのことだった。海からの脅威に対する沿岸作戦には軽量で足の速い戦闘部隊が良いという蕭の構想は、のちに1950年夏の極めて重要な会議だった建軍会議で成文化された。この部隊は、機動性が高く、敏速な戦術をPLAが長年にわたって好んできたという前提で、共産党の作戦スタイルに合致するものだった。ここでも海軍指導部はPLAの伝統の優位性を主張し、物理的要素は中国独自の戦略環境に一致するものでなくてはならないと固執した。この伝統はいまも中国海軍の戦力態勢に見られる。PLANの通常型潜水艦、陸上航空機、沿岸戦闘部隊の艦隊・編隊は1950年代に海軍指導部が追求した戦力の末裔《まつえい》である。

第四に、洋上作戦は、中国独特の海戦のあり方を生み出した。この期間、ほぼすべての海戦と上陸作戦は、欺瞞、奇襲、夜戦、近接戦、そして先制攻撃によるものだった。物理的に必要な手段を欠く中、中国共産党軍は小さく機敏な艦艇を、より大型で武装している、近代的な敵艦と頻繁に戦わせた。このような質量と火力の差を補うために、中国海軍は戦術的成功を収めるべく奇襲のような型破りの手法に依存した。この小型艦艇精神は21世紀に入っても根強く残っている。

関連して、中国の海戦の主な特徴に、準軍事部隊や民間船舶、民間人の広範な活用があった。1949年末と1950年はじめ、軍人だけでなく全人民が戦うという毛沢東の人民戦争の考え方の海への適用は、中国を通常の軍事力に押し上げるフォース・マルチプライヤーとしての機能を果たした。強い相手に対する戦いで、これらの非正規軍は成功に欠かせなかった。現在の強権的な活動が際立つ中国海警や海上民兵部隊は、中国のシーパワーの非軍事的な手法の最新の姿に過ぎない。[*8]

第五に、これらの初期の海上作戦と制度構築の取り組みは、政治指導部とPLAの統率能力、軍民関係を試すものであり、共産党の政軍システムに独自の洞察を与えるものであった。毛沢東は海軍に関する重要な官僚や人事の決定について深く関わっており、海軍建設に元国民党将校を参加させることに前向きだった。金門島の惨事に衝撃を受けた毛沢東は司令官たちに失敗から学ぶことを強く求めた。実際のところ、毛沢東は海南作戦では戦術レベルにいたるまで直接計画に関わるほど作戦の行方を懸念していた。この指導スタイルは、その後の紛争や危機における毛沢東の決断と行動を特徴付けるもので、冷戦、そして中国のソ連と米国との関係に運命的な影響をもたらすことになった。[*9]

この大きな節目となる時代の参加者は、中国で最も高名な作戦指揮官たちだった。張《ちょう》愛萍《あいへい》将軍は東海艦隊の司令官を務め、人民解放軍海軍建設の雛形を提供した。葉飛《ようひ》将軍が指揮した1949年の金門島上陸作戦は大失敗に終わった。第4野戦軍を指揮し、海南島奪取に成功した林彪《りんぴょう》は毛沢東と密接に作戦計画を練った。その後、張、葉、林の3人は党と軍の最高レベルで活躍することになる。沿岸作戦はさらに、中国共産党と人民解放軍の指導者たちがどうやって不確実性と危険性、奇襲、作戦的な成功と失敗に向き合ったかを明らかにする。また、いかにPLAの将官たちが進化する戦闘環境を評価し、新たな作戦領域での戦い方を学び、失敗から立ち直って教訓を学び、不慣れな戦闘状況に適応したかを示している。彼らのリーダーシップの資質やその欠如は、今日の人民解放軍にとって詳細な研究の対象であり続けている。

過去は序幕

このような初期の作戦と組織の経験は、ＰＬＡと中国海軍に関してユニークな洞察を与えているというのが、本研究の主題である。この時期の中国軍の文書は、一貫して深い歴史認識と過去との一体感に対する知的開放性を表している。文献は、ＰＬＡが自分たちの歴史を理解していること、そして現代の戦略・作戦思想に活かしていることを示唆している。その記録は、戦闘方針、攻撃的思考、戦術的な好みなどＰＬＡの核心的価値観について多くを明らかにする。中国共産党の初期の海軍史と、人民解放軍による、その歴史の解釈は、中国軍の組織的アイデンティティーと思考の習慣、戦略的伝統、そして作戦の傾向を知る機会を与えてくれる。

もし過去が序幕であるなら、中国が自分たちの歴史から学んだことは、将来、彼らがどう行動するかについてのヒントを与えてくれるかもしれない。現在の中国にとってもっとも紛争になる可能性が高いのは台湾や東シナ海、南シナ海における領有権問題であることから、中国の歴史と現代的意味合いは海洋アジアの関係国にとって大きな関心事であるはずだ。米国の政策立案者や戦略家がこの歴史にもっと近づくことは、21世紀における最大の競争相手のより良い理解につながるだろう。

中国の海事史において、不明瞭かつ重要な時期を説明することで、本研究は政策立案者や戦略家が、中国海軍と海軍戦略の起源・教義・部隊の態勢、初期の中国海軍指導層のプロフィール、海軍本部での政治闘争という永続的で組織的な伝統、ＰＬＡの組織的アイデンティティーを定義した水陸両用作戦、海事の過去に対する現代中国の解釈と中国の海軍力への影響に関して、より良く理解するのに役立つだろう。本研究は中国海軍に特化したものではないことを重ねて指摘しておく。むしろ、いかに海軍力とそのほかの手段が相互に作用し、海洋領域において中国が目的を達成したかについての研究である。このような深い歴史的理解は、今日の中国海軍と、今後数年間における米国および海洋アジアに対する潜在的な挑戦をオブザーバーがより的確に見極めるのに役立つだろう。

本研究を１９４９年と１９５０年に区切った理由を簡潔に説明しておく。確かにＰＬＡは１９５４年と１９５８年の台湾海峡危機や１９５５年の一江山島攻撃などの重要な作戦を１９５０年代に実施した。また、１９５３年７月の福建省沖の東山島防衛戦で中華民国軍に勝利した。しかし、中国共産党にとって海と向き合うことになってからの18カ月は特異なものだった。本研究で綴られる重要な組織的決定と主要な作戦は、１９５０年６月に勃発し、すべてを注ぎ込んだ朝鮮戦争に先んじて行われていた。当然のことながら、毛沢東が朝鮮半島の危機に関わり始めたため、１９５０年夏の海上における攻撃作戦は中止され、ＰＬＡは１９５４年まで主要な作戦を停止した。

この18カ月間、共産党は手持ちの武器で戦ってきた。ソ連は初期の段階で海軍計画を支援したものの、そのような外国からの援助は小規模だった。対照的に、朝鮮半島で戦った中国軍はロシア化した軍で、その後、教義や展望、組織の面で自らソ連軍にならったものに変わっていった。したがって、はるかに資金力があり、統一され、ソ連製武器で装備されたPLAが1950年中盤から後半にかけて作戦を実行していくのである。ポスト朝鮮戦争の軍隊は、1949年、1950年以前のまばらで寄せ集めの軍隊とは質的に異なっていたのだ。本研究は朝鮮戦争がPLAを変貌させる前の瞬間を捉えたものとなる。

このストーリーを詳しく語るために、本研究は次のような構成になっている。第2章は研究の分析目的と、調査の裏付けとなる資料と手法、そして中国海軍の創設と洋上作戦を紹介する。第3章は華東軍区海軍の成り立ちと、海軍の初代司令官である張愛萍が組織形成に果たした重要な役割を再び語る。続けて、第4章で華東軍区海軍と初期の作戦、そして人民解放軍海軍の設立を記録する。第5章は中国東岸沿いの島嶼作戦にあたった第3野戦軍の洋上作戦を詳述し、あまり知られていない廈門《アモイ》作戦に続く金門作戦について説明する。第6章は第4野戦軍の海南島、万山諸島——PLAにとって最初の公海上での作戦だった——に焦点を当てる。第7章は中国海軍の組織構築過程と洋上作戦に関する総合的な評価、第8章はこの重要な期間における組織的な伝統ともいえる遺産を検証することによって過去と現代、未来をつなぐ。第９章で将来の研究分野や、中国史と現在の米国によるＰＬＡＮ評の交差に関する考えを記す。

第2章　見過ごされた歴史

共産中国の海洋進出の起源は欧米ではあまり知られていない。西側に現存する記録にある人民解放軍海軍創設に関する考察は大雑把で、1949年と1950年の初期の海洋作戦について深掘りした研究は一握りに過ぎない。さらに、これらの文書は共産党をこき下ろす傾向があり、創設期の評価に対する先入観をもたらしている。長い間、アナリストたちは数少ない、定評はあるが時代遅れの著作に頼らざるを得ず、それゆえに学術的、政策的対話は制限されることになった。

組織のアイデンティティーと存在理由、動機、世界観を多分に明らかにする、探究された創設史の不在は、中国の海軍力に対する理解を妨げてきた。理解不足を埋める必要性は、近年の中国の海洋戦力への継続的な投資がインド・太平洋地域の力の均衡（パワーバランス）を変化させたことで非常に高まっている。この20年で中国語の記録が入手しやすくなったおかげで、いまは毛沢東主義の中国の海洋進出に関するより完璧な説明ができるまたとないタイミングを迎えている。この背景を説明するために、本研究の目的、方法そして歴史的背景を以下、解説する。

分析の目的

中国海軍の組織的起源と島嶼奪取作戦をしっかり理解することは人民解放軍研究に有益であり、米国の政策立案者、戦略家、プランナーにも政策に関連した洞察を提供するであろう。まず、本研究は中国海軍史で検証が不十分な時期に注目する。中国の海軍創設と人民解放軍の初期の上陸作戦に関する西側の史学はほとんど白紙状態だ。最近の人民解放軍海軍（PLAN）研究は、その大半を現在と将来の海軍の目標、計画、戦略、作戦、フォース・ストラクチャー（戦力構成）に割いている。[*1] 中国人民解放軍海軍研究者のバーナード・コールの草分け的書物でも海軍のはじまりについては少ししか言及していない。[*2]

何十年もの間、このトピックに関して頼りになる英語の著作は、ブルース・スワンソンとデービッド・ミュラーの先駆的な研究だった。しかし、それらは時代遅れであり、欧米の情報源に依存し、中国のオープンソース（公開文書）へのアクセスが限られていたため、不完全である。*3ブルース・エルマンは、19世紀半ばから現在までの近代中国海軍史を総括する書籍を出版してこの分野に貢献した。ただ、この期間に関しては短い2つの章が軽く触れた程度だった。*4国共内戦を取り上げたり、人民解放軍の初期の戦争経験に迫ったりする歴史書があっても、中国沿海の軍事作戦の一端を見せるだけだった。*5内戦終結と人民解放軍海軍の誕生、そして共産中国が海からの脅威に初めて遭遇した重要な時期はほとんど見過ごされてきた。本研究は、この重要でほとんど無視されてきた歴史に、鋭くフォーカスするものである。

最近の研究が示すように、中国海軍の歴史と冷戦初期の人民解放軍の上陸作戦に新たな関心が集まっている。元米太平洋艦隊情報部長のデール・リエーレは受賞歴のある記事の中で、中国海軍の歴史を理解することは今日の人民解放軍海軍をより深く評するには欠かせないとする説得力のある主張をしている。「PLANの最初の30年は彼らの文化、機構、自己像の中核を成す」と指摘する。さらに、「無視することによる危険性、PLANの歴史に目もくれない」ことに対して警鐘を鳴らす。*6このような歴史に無関心な考え方が、米国の政策立案者や計画者を中国のシーパワーについて誤った判断に導くかもしれないと訴える。

ウィリアム・バワーズ准将とクリストファー・ユンも、優れた論考で歴史認識に関して同じことを主張している。両氏は、中国軍が攻撃型水陸両用作戦の将来を理解するために、自分たちの歴史をつぶさに研究していることに注目する。そして、1949年末と1950年はじめの台湾侵攻に向けた準備と必要な軍事力を集結させるという、共産党が直面した困難を詳しく語る。台湾奪還の機会を失い、その失敗からの苦い経験は、人民解放軍の思考に21世紀の水陸両用戦に関する情報を与え続けていると、両氏は信じている。[*7]

しかし、これらの重要な研究は数十年ものの古い記録を使用しているケースもある。リエーレはミュラーの1983年の本を短い原稿で5回以上も引用している。同様に、バワーズとユンは2003年編集版でヘ・ディの1章を7回、ジョン・W・ヒューブナーの1987年の論考を引用している。これらの引用はリエーレやバワーズやユンのこの分野に対する分析面での貢献を貶めるものではないが、冷戦初期の人民解放軍に関する英語の記録が古くなったことを示している。こうしたことから、重要性を増しているこのトピックにおいて新しく、アップデートされた視点の必要性が生じているのだ。

第二に、本研究は中国の海軍の創設期についてすでに広がっている見方に、遅まきながら修正を加えるものである。西側で受け入れられている一般常識は次のようなものだった。中国は1980年代まで、海洋政策と海軍戦略の要求にさらされることがあったとしても最小限で、独自の海洋ドクトリンを持ち合わせず、無批判で1950年代の友好国であるソ連から概念を拝借しており、初期の海軍指導者たちは、陸軍将校として訓練され、反乱や地上戦を繰り広げながら出世したが、海上の環境に適応するための知的資質を欠いていた——。こうした一般常識は、創設期の中国の海軍計画にはほとんど否定的である。[*8] 本研究では、これまでの常識が人民解放軍の独立性を過度に軽視するものであったことを示し、中国指導者の海洋進出の覚悟はこれまで理解されていたよりもはるかに強固だったことを主張する。また、当時の中国の政治家や司令官たちは、西側のウォッチャーたちが想定したよりも創造的で想像力に富み、現実的だった。

第三に、本研究は戦争の作戦レベルに肉薄することでこの分野に付加価値を与える。人民解放軍の島嶼作戦に関するケーススタディーの中心的な組織原理においては、戦略家、カール・フォン・クラウゼヴィッツの「交戦」の定義を厳格に守っている。クラウゼヴィッツは「戦術は交戦における武力の使い方を教える。戦略は戦争の目的として交戦を使用することである」と言う。[*9] 換言すれば、研究の重要な要素は、対立する軍同士の戦いにある。高度な政治、外交、地政学は物語の重要な文脈的要素である一方、本研究は人民解放軍の戦闘経験に厳密に焦点を当てる。

分析目標は戦略、作戦、戦術の交差から洞察を得ることである。本研究は毛沢東とその部下が不慣れな戦闘領域で国民党と対峙するにあたり、迅速に学び、新組織を立ち上げ、最善の方法を開発し、正しい指導者を選び、適切な手段構築をやらなければならなかったことを示すものである。本書では、共産主義者がこれらの大きな課題を作戦レベルでどう考え、対応し、どのように海上の環境を評価し、見直し、適応していったかが語られている。さらに、本研究は、人民解放軍の戦争遂行能力を評価するには知性の質が不可欠であることを実証している。

最後に、本書は歴史のための歴史ではない。本研究は、海上作戦と人民解放軍の解釈と理解が、中国軍の組織的記憶とアイデンティティーの中核を成すものであることを主張する。歴史は人民解放軍が自分たちをどうみているかを映す比喩的な鏡である。過去何十年にもわたって語り継がれてきたナラティブ（物語）は、団結心と気力の源泉であり続けた。この過去が将来の教義や軍の近代化を予測するものではないが、中国の将校団が特定の作戦・戦術の概念に対して抱く価値観や態度の傾向を示している。実際、人民解放軍海軍が本土から遠く離れた外洋での任務に照準を合わせるようになっても、このストーリーの説得力は失われていない。少なくとも、この歴史的理解は中国の海軍力を研究する上での分析的基準値を提供するものである。中国の将来の海軍戦略がこのオフショアの伝統からどの程度逸れるかによって、北京の海洋への野心の目標と組織的な限界の両方が明らかになるだろう。

典拠と方法

本研究は、研究が不十分な中国海軍の海上作戦の始まりと初期の歴史を解説する。共産中国の海からの脅威との最初の遭遇は、欧米の史学においてせいぜい脚注に過ぎないことはすでに述べた。最近、中国語の記録が入手可能になったことによって、中国海軍史の乏しい理解の再構築は可能になった。実際に公開された資料には、連隊や大隊のレベルにいたるまでこれまで知られていなかった驚くべき作戦の詳細が記されている。今こそ共産中国の海との最初の出会いをより忠実に伝える絶好の機会なのだ。

いくつかの傾向が中華人民共和国におけるこの新しい開放性を説明する。シーパワーに対する世間と学者の関心の高まりは、公式な後押しも少なからずあるものの、中国の海軍に関する執筆意欲をかきたてた。同様に重要なのは、人民解放軍には伝えるべき良い話があることだ。結局のところ、オフショア作戦こそ共産党の勝利への道において重要なステップだった。これらの作戦と人民解放軍の物語は自分たちのプライドを刺激した。人民解放軍はまた、過去からの教訓を引き出すことに価値を見出す。本研究が示すように、公式の軍史は過ちと敗北に率直で、このことは現代と将来の計画立案に有益な教訓となるものである。それゆえに、海洋問題に関する一般研究や、海軍指導者の回顧録や伝記、公式の人民解放軍史、中国海軍の二次資料といった最近中国で公開された公文書は、いまはいろいろな場所で入手できるようになった。大量の情報は、中国海軍が力をつける過程で重大な局面に新たな光を当てているのだ。

中国の公開情報は、その後に人民解放軍海軍となった華東軍区海軍の、創設にまつわる重要な決定に関する詳細を提供してくれる。また、国共内戦の末期から１９５０年代半ばまで続いたオフショア戦略も詳しく調査している。一連の海上作戦の中には中国海軍が正式に創設される前のものもあるが、それらは重要かつ決定的な経験だった。実際、海洋周縁部の安全確保を当初追求したのは、間違いなく人民解放軍にとって海上での戦闘が最も激しい時期だった。中国沿海での戦闘や水陸両用作戦は中国の長期的な安全保障と戦略に多大な影響を与えることとなる。

本研究では、解放軍報社が出版した人民解放軍の戦史シリーズを活用する。中国沿海で一連のオフショア作戦によって内戦を終結させた第3野戦軍と第4野戦軍の巻は、本書第5章と第6章の要である。さらに本研究は、軍事科学出版社から出された『中国人民解放軍軍史』全6巻を使用する。時系列的にまとめられており、１９２７年から１９７０年代末の人民解放軍の組織的進化と作戦を網羅している。また、青島出版社から刊行された7巻の『解放軍史鑑』シリーズも活用している。これらの戦史を補足するために、本研究は軍事科学出版局が発行した人民解放軍の戦史に関する大学院生レベルの講義資料を参照した。これらの軍史は、過去の作戦に関する人民解放軍自身の解釈を評価するための基準値となるものである。

本研究はまた、毛沢東や戦区司令官、地域の司令官を含む重要な意思決定者の伝記や回顧録も検証した。それらの記録は、１９４９年の金門島上陸作戦の司令官を務めた葉飛の回顧録、人民解放軍海軍司令官の蕭勁光の回顧録と3冊の伝記、１９８０年代に海軍司令官だった劉華清の回顧録、華東軍区海軍の司令官の役割をとりわけ詳述している張愛萍の伝記2冊を含む。そのほかに毛沢東の海洋政策の決定や海軍に対する指示、そして海軍司令官との関係や海洋防衛に関する中国共産党の思考の歴史などに関する記録もある。特に興味深いのは、オフショア作戦に参加、または指揮した人たちの回顧録や伝記で、作戦の成功と失敗の両方について率直な見解を度々表明していることもあり、だからこそ貴重だといえる。

本研究は、島嶼作戦と水陸両用作戦に関する20冊以上の書籍を参照し、その多くが金門、舟山、海南、万山とほかのオフショア作戦を取り上げている。書籍の中には、南京軍区司令官だった朱文泉《しゅぶんせん》による島嶼戦に関する研究書3巻、１９５０年代のオフショア作戦を検証する市販本12冊、島嶼作戦に関する人民解放軍内部による研究5冊、および島封鎖作戦と上陸作戦が含まれる。内部研究の中には、事例研究的なアプローチで上陸作戦を評価する方法を採用するものもあり、過去について率直な見解を示している。これらの記録は本研究の作戦・戦術の詳細を与えてくれるものである。

中国海軍に関する書籍の恩恵も受けた。2巻からなる海軍の公式百科事典、海軍将校と下士官用の公式ハンドブック、1980年代に出版された公式の軍史2冊（蕭勁光と劉華清それぞれが編集委員を務めた）、海軍お抱えの海潮出版社が刊行した海軍作戦史、さらに近年政府が公開した公文書をベースに書かれた創設期の海軍に関する市販本4冊などがそうだ。先述した通り、本研究は青島出版社が出した人民解放軍史を活用した。これらの記録は中国海軍が組織として、いかに自分たちの過去を解釈し、現在にいたるまでの状況に応用してきたかを明らかにしている。

最後に、本書は権威ある人民解放軍の雑誌から一般向けの海軍雑誌まで、さまざまな定期刊行物から実態を探り出す。中国人民解放軍軍事科学院の歴史学部は「軍事歴史」を隔月で出版しており、中国の海上作戦について度々取り上げている。人民解放軍の南京政治学院が隔月刊行する「軍事歴史研究」も過去の作戦の研究には貴重な資料だ。現在の研究では、「当代海軍」「現代艦船」「艦船知識」「艦載武器」といった海軍関連の出版物を参考にしている。また、人民解放軍の公式新聞、「人民海軍」は有用な資料だ。これらの刊行物には主要な中国海軍作戦の回顧的分析が掲載されている。

本研究は、これらの公開資料から中国海軍の創設と主要な海上作戦を標準的な事例研究形式で調査する。第3章と第4章は華東軍区海軍の発足と作戦、そして人民解放軍海軍の創設を概ね時系列で追う。第5章と第6章は、第3野戦軍と第4野戦軍の作戦をそれぞれみていく。両章は各海上作戦に関し、戦闘の戦略目的と詳細な戦術的戦闘の詳細な説明を含む交戦の経過、作戦の結果と大きな影響について検証する。前述の通り、本研究では、戦争の作戦レベルでの出来事を検証する作戦史という側面がある。したがって、本研究は海上と陸上での部隊レベルの活動に注目する。

人民解放軍の記録に関する注意

中国の公開資料に大きく依存する研究は、記録の客観性と隠された動機や信憑性、信頼性と格闘しなければならない。物語を歪める偏見の危険性があるものや分析の落とし穴を認識することが重要になる。国共内戦の歴史は特に問題になりがちだ。結局、物語は、共産主義が勝利した主敵との間で長く続いた苦闘をめぐることである。これらの説明は、中国共産党の勝利と中華人民共和国の設立にまつわる根本的な作り話に不可欠な要素である。当然ながら、本研究で調査した人民解放軍の記録には、美化された伝記が描かれ、勝利至上主義が誇示されている。過去を美化する傾向が顕著にみられるのだ。歴史書の中には敵対勢力の国民党を悪魔化するものがある一方で、共産主義勢力を英雄視し美徳を強調し、誇張していると考えられるようなものがある。そうかと思えば、敗北した国民党に対して共産主義者の寛大さを過剰に表現しているものもある。このように、人民解放軍の記録を真に受けないことが重要なのだ。本研究は記録におけるそのようなバイアスを警戒し、歴史学の品位に重要な影響を及ぼすものは特定する。

このようなえこひいきを判断するために、本研究は中華民国（台湾）と米国の資料を使って共産主義者の歴史を選択的に検証し、人民解放軍による記述の裏付けあるいは矛盾を確認する。中華民国の軍事専門誌は、本研究で取り上げる海上作戦なども含めて、定期的に内戦に関する記事を掲載している。これら当代の記事などは、共産党バージョンの出来事を確認したり反論したりするのに重要な分析や観点を提供してくれる。また、米中央情報局（ＣＩＡ）が機密解除した公文書の資料は、共産党の記録に対する追加的証拠となる。この方法論は、人民解放軍の話のどのエピソードと要素をほかの資料と照合するかという慎重な判断を必要とする。本研究は戦略的重要性に関する共産党の説明が大きく乖離《かいり》したり一致したりする場合は、必要に応じてこれらの第三者資料に言及している。

同時に、一定の聖人伝めいた記述や勝利至上主義がある場合でも、人民解放軍の記録の価値を改めて強調しておくことは重要である。前述したように、官僚は海軍や海事に関する言説を広げるために歴史書を出すことを奨励した。言い換えれば、人民解放軍は自分たちのアジェンダを推進するために自分たちの過去を利用したのかもしれない。本研究の中心的な考え方は、この〝使える歴史〟は分析する価値があるということである。人民解放軍にとって、戦闘の歴史で時に誇張し勝ち誇ったような話が依然重要なのは、人民解放軍が自分自身に再び語りかけている物語だからだ。これらの物語は人民解放軍の組織イメージ戦略を知る機会を与えてくれる。たとえ、かなり美化されたとしても、物語は中国軍が重んじる核心的信念、組織的価値、戦いの資質について多くを明かしている。人民解放軍の自己イメージは、将来の紛争において中国軍がどう考え、行動するかについて重要な手掛かりを与えてくれることから、ワシントンDCやアジアの首都にいる関係者にとっては政策に関する発見を提供してくれる。欧米の歴史学の基準を満たしていなくても、これらの物語を追うことは非常に大切なのだ。

また、重要なのは、聖人伝や勝利至上主義を過度に重視せず、まるで文書のいたるところにあるかのように扱うべきではないことだ。人民解放軍の文書には、1949年と1950年の毛沢東の軍隊については率直であれ、との至上命令がある。結局のところ、海上作戦に関する文書は、人民解放軍にとって最優先課題である台湾についての例えなのだ。中国にすれば、台湾をめぐる危機や戦争の際に人民解放軍がどのように動くかが最も重要なことである。毛沢東の野戦軍が守りの強固な島々に対して水陸両用作戦を展開するにあたって直面した課題は、1949年と1950年の場合と同様に、将来の台湾のシナリオに関連するものだろう。つまり、台湾に関連した作戦史と人民解放軍の現実の軍事的問題には、密接した分析的なつながりがあるのだ。したがって、人民解放軍が自らのパフォーマンスを冷静に評価し、過去の戦闘経験から意義のある教訓を引き出すことは自己利益になる。さらにいえば、前述の通り、本研究は、現代と将来の人民解放軍指導者たちに関連する教訓を得るために過去の作戦を批判的に評価した、内部で配布された著書を引用している。これらの著書は、作戦計画やドクトリンに情報提供するためのものであることから、勝利至上主義と聖人伝のせいでその意図が誤解されるようなことはなんとしても避けたいという動機をもって書かれている。

最後に、すべての聖人伝や勝利至上主義が共産主義の物語に対する信頼性に害を及ぼすわけではない。個々の英雄的行為を誇張することは物語に華を添える部分はあるにせよ、人民解放軍の正史から得られるより広範な戦略・作戦上の教訓を根本的に台無しにするものではない。反対に、戦略的な意思決定や作戦の全体的な実施に関する事象を誤って伝えることは明らかに分析上問題となる。聖人伝と勝利至上主義のほとんどは前者のカテゴリーに分類される。より重要なのは、本研究では、聖人伝と勝利至上主義が歴史学的、戦略的、組織的なイメージを歪めかねない分野を明確にしたことである。

戦略的、作戦的、組織的背景

本書で展開するケーススタディーの準備として、ここでは以下、本書で扱う歴史が人民解放軍の幅広い組織的進化と、より大きな国共内戦の中でどこに位置するかを簡潔に説明する。1927年から1949年まで、中国共産党の武装組織である共産党軍は革命闘争における各局面での新たな状況を反映するため、名称を変更してきた。[*10] 第一段階の1928〜1937年は、中国共産党が主導する中国工農紅軍だった。この間、毛沢東は内陸の標高の高い丘陵地である江西省の井崗山《せいこうざん》で中国工農革命第四軍の一部を率いた。大日本帝国が1937年に中国に全面的な侵攻を始めると、中国共産党は国民革命軍と合流し、北西部では国民革命軍第八路軍（通称、八路軍）、南部では国民革命軍新四軍（通称、新四軍）に再編成された。

1945年の日中戦争の終盤、新たな内戦を予期していた共産党は国民党と対決する準備に取りかかった。1946年に全面戦争に突入した内戦に勝利するため、中国共産党は八路軍と新四軍を大規模な機動作戦に投入する戦闘集団に再編した。1948年末に共産党が勢いを増し、戦略的な反攻に転じると、中国共産党はすべての軍を指揮下に置き、中国人民解放軍に改称する再編を行った。
　この再編から4つの野戦軍が生まれ、それぞれが1949年はじめ、主要な地域を担当した。第1野戦軍、第2野戦軍、第3野戦軍、第4野戦軍はそれぞれ南西部、中央、東部、北東部で組織された。各野戦軍(field army)は2～4個兵団(army)で構成され、各兵団は2～4軍（corp）からなる。[*11] 軍の戦術部隊は、大きいものから順に、師、団、営、連、排、に組織された。本研究では、これらの名称を使って部隊レベルの活動を描写する。[*12]
　海上作戦は国共内戦の終結を告げるものだった。最も決定的で凄惨な戦闘はすでに中国北東部での遼瀋《りょうしん》作戦、北京・天津の攻防戦となった平津《へいしん》作戦、長江以北を解放した淮海《わいかい》作戦で行われていた。これらの交戦の規模はすさまじいものだった。淮海作戦では180万人以上の兵隊が長さ200キロの前線で対峙した。[*13] 1948年9月から1949年1月にかけてのこの3つの戦いで、共産党は150万人以上の国民党軍兵を殺傷、捕獲し、蔣介石の最強の軍を一掃した。[*14] 遼瀋作戦だけでも国民党軍は40万人近い兵士を失った。[*15] 4カ月で共産党は敵を粉砕した。3作戦によって中国北東部、北部の大半、そして長江以北の中央平原は毛沢東の軍門に下った。本研究で記録されている国民党軍のほとんどは、破壊や捕獲を逃れた残党だった。彼らはそれまでの敗北で士気を失っていた。ひどいことに、彼らは出身地から追い出され、文化的にも言語的にも無縁の領土を守っていたのだ。

毛沢東の大勝利は中国南部への道を開いた。中国北部と南部を隔てる水の障壁だった揚子江を渡り、4つの野戦軍は中国全土の征服に乗り出した。揚子江渡河、国民党政府の中枢だった南京の占領、そして海上作戦などのその後の作戦は、1949年2月に始まり1950年6月に終わった内戦の最終段階となる「戦略追撃」での出来事だった。[*16]「戦略追撃」に先立つ1945年9月から1949年1月の間には、「戦略調整」、「戦略防御」、「戦略攻撃」、そして「戦略決戦」の4段階があった。

戦略追撃の段階では、彭徳懐《ほうとくかい》率いる第1野戦軍が北西に進出して新疆《しんきょう》まで達し、劉伯《りゅうはく》承《しょう》率いる第2野戦軍は南西に向かい雲南、四川、チベットを収めた。陳毅《ちんき》率いる第3野戦軍は東部沿岸にある浙江と福建に進出し、林彪率いる第4野戦軍は湖南を南下して広東と広西を占領した。第3野戦軍と第4野戦軍はそれぞれが東シナ海と南シナ海に到達後、国民党軍から沖合の島々を奪うための主要な戦力となった。この2つの野戦軍は第5章と第6章のドラマの中心となる。

この内戦の最終段階で、4つの野戦軍は計33の主要な戦闘を戦った。そのうち、渡河戦役、湖南省の衡宝《こうほう》戦役、広東省の両陽《りょうよう》戦役、福建省の漳夏《しょうか》戦役、海南戦役、甘粛省の蘭州戦役の6つが戦略的に重要視されている。[17] 特に本研究では6つの重要戦役のうち4戦役を取り上げる。漳夏戦役は第3野戦軍による平潭《へいたん》島、廈門島、金門島での水陸両用作戦が含まれる一方、第4野戦軍による海南戦役は「戦略追撃」段階で最も重視された。

組織的にみても中国海軍の起源は人民解放軍の野戦軍とは不可分だった。[18] 華東軍区海軍の指導部と幕僚は第3野戦軍から集められた。華東軍区海軍は東海艦隊の基礎となった。第4野戦軍は人民解放軍海軍設立のために指導層と幕僚を提供した。その後、北海艦隊の基礎となった青島《チンタオ》の海軍基地管理のために人材を提供した。加えて、のちに南海艦隊へと成長する河川防衛の司令部を広州に設置したのも第4野戦軍だった。こうしたことからも、毛沢東の海洋進出は、陸軍から海軍に変える組織的なプロセスとして捉えることは正しいのだ。本研究が示すとおり、このプロセスは中国海軍の価値観、展望、あまり良いとは言えなかった作戦傾向に永続的な影響を与えることになる。

最後に、オフショア作戦は毛沢東にとっての究極の褒美と密接不可分だった。それは台湾だ。現地指揮官が洋上で作戦を緊急に実行したのも、蔣介石との最終決戦への期待が急速に高まった背景の中で理解されなければならない。1949年6月中旬に毛沢東は第3野戦軍の指揮官たちに台湾征服の準備について指示を出し始めた。[19] 中央軍事委員会は第3野戦軍に予想される対台湾作戦の責任を持つよう命令した。

台湾攻略のアプローチや一連の行動については議論があった。ある派閥は、台湾最終攻撃の前に中国の沿海をすべて掌握する「逐島攻撃」を提唱した。米軍が太平洋戦争で島に残る日本軍守備隊を迂回して孤立させた「飛び石」戦略を真似ればいいという意見もあった。同様に、台湾陥落後まで国民党軍が支配する島はそのままにしておいて、中国軍が廈門を掌握して台湾侵攻の活動拠点にするといった意見もあった。[*20]

中央軍事委員会は「逐島攻撃」を選んだ。毛沢東と部下たちは、人民解放軍には沿海の島嶼を迂回する海軍力と航空能力を欠いていると判断したからだ。海上と空中が無防備な状態で台湾海峡を通過する輸送船は、本土近くの離島に拠点を持つ国民党の空軍と海軍に阻止されるリスクがあった。さらに、沖合の守備隊に対する綿密な作戦は、国民党軍の軍事力の要素を破壊するもので、さもなければ撤退して台湾に集中させることができるかもしれなかった。島の前哨基地が本土に近いことで、水陸両用作戦にまったく馴染みのない軍にとって成功の確率がかなり高まった。人民解放軍は、得意とする夜戦能力を近短距離で活かして、敵の制空権と制海権を打ち消した。部隊は待ち望んでいた戦闘経験を積み重ねながら、新しいスキルを学んで訓練する機会を得ることができた。[*21]

１９４９年9月に始まり、１９５０年夏に終わった水陸両用作戦はすべて台湾を視野に入れたものだった。台湾の存在は、各主要作戦に関する上層部の検討に長い影を落としていた。毛沢東と部下は、最終的な台湾侵攻計画への教訓と影響を見極めるために、各主要作戦の展開をつぶさに見ていた。沖合の島々に対する作戦の成否は、勝算と国民党に対する勝利を確実にするために必要な兵力の計算を左右した。要するに、海上作戦は台湾の蔣介石軍を打倒するために、作戦が実現可能かどうかなどを検証する概念実証の役割を果たしたのだ。このような背景から毛沢東は海へと舵を切ったのである。

第3章　華東軍区海軍

毛沢東とその部下たちは、１９４９年初頭にライバルの国民党軍に決定的な勝利を収めた後、海軍建設の計画を立て始めた。最初からわかっていたのは、内戦の最終局面で相手を排除し、征服を確実にするためには海軍力が必要だということだった。革命集団が権力を握り、新たな領域で新たな任務のための新組織を作ることによって、国家の新たな手段の使い方を学んだということがその時々の状況の記録からわかる。共産党指導者たちは海に関する経験がなかったため、シーパワーの組織的、人的、イデオロギー的、物質的な側面を理解するのに苦労している。

本書は国共内戦の後遺症と、勝者が敗者となった敵にどう対処したかの物語でもある。共産党軍に亡命・降伏したか、または台湾に逃げなかった国民党海軍の残党には、海戦の経験が蓄積されていた。中国共産党は、海軍力を追求する中で、かつての敵との連携がどれだけ嫌なことだったとしても、彼らが自分たちに必要であることを知った。その結果、国民党は海軍の創設に一役買うことになった。人民解放軍海軍の初期の歴史においては、共産党幹部、ソ連のアドバイザー、西側で訓練された国民党軍人それぞれが、海軍のドクトリンと展望に作用しただけに、中国固有のもの、外国のものといった混成的な影響が複雑に絡み合っていることは関心を引く。

この物語では、中国の新しい海軍の指揮官となった張愛萍が、あまり知られていないドラマの中で重要な位置を占めている。張愛萍の万能なリーダーシップが、創設時の気が遠くなるような困難の克服を可能にしたのだ。

戦時に生まれる

共産党指導部は3年近い激戦の末、終盤に差しかかった国共内戦の決定的な局面で海軍創設を決断した。1949年1月8日、中国共産党中央政治局は「当面の情勢と1949年の任務」を決議し、「1949〜1950年の間に十分に使用できる空軍および河川と沿海を防衛する海軍の創設を目指す。可能性は存在する」と決意した。[*1] そこにいたるまでの2カ月は国民党軍にとって悲劇だった。遼瀋、平津、淮海の3つの作戦で大敗、満州と華北でも敗北し、そして150万人の兵を相次いで失った。[*2] 大敗でぼろぼろになった国民党軍は、主力部隊が台湾に逃げる中、南京、上海、杭州の防衛のため揚子江まで後退した。これによって共産党は揚子江を渡り、中国南部の征服に道が開かれた。歴史家のエドワード・ドレイアーは「淮海作戦の結果が国民党中国の陥落を意味することはすべての関係者には明らかだった」と指摘している。[*3]

惨事をさらに悪化させたのは、悩みの種だった国民党軍兵の共産党への投降が、重要な局面で中華民国海軍（ROCN）に広がったことだった。米海軍大学校教授のS・C・ペイン氏によると、「1946年6月1日から1949年1月31日まで、国民党は500万人近い兵士を失い、うち4分の3は共産党に投降した」。[*4] 人材流出は内戦の間、続く。1949年2月には、フリゲート艦「黄安」と巡洋艦「重慶」の乗員が相次いで反乱を起こした。中華民国軍の旗艦と誇りである「重慶」での出来事は、とりわけ兵員の士気を低下させた。[*5] 事態の変化に高揚し、もっと離反を促すことを期待した毛沢東と人民解放軍総司令官の朱徳《しゅとく》は、3月末に「重慶」の将兵と乗員に対し、「中国人民は必ず自己の強大な国防力を建設しなければならない。陸軍だけでなく、自前の空軍と海軍を建設しなければならない。あなた方はやがて海軍建設に参加する先駆者となる」との祝福の電報を送った。[*6] 共産党が革命後の中国で、反逆者の将来の役割を想定していたことを示す明確なメッセージだった。[*7]

国民党軍の抵抗崩壊の明らかな兆候と、海上で続く反乱は、先の海軍建設の決断に勢いを与えた。１９４９年２～12月には16回の反乱があり、97隻を上回る艦船と兵員３８００人が共産党に引き渡された。１年以内に中華民国海軍は５分の１の艦艇と約10分の１の兵力を失った。[*8]さらに、国民党軍の台湾への退却は戦場を海上に拡大したことから、海軍建設がさらに緊急性を増したことを中国共産党は認識した。

揚子江横断作戦の準備は海軍力の重要性をさらに示すものとなった。少なくとも書類上では国民党海軍が航路を支配していた。１２０隻以上の艦艇と２３０機以上の軍用機が敵の渡河を阻止するために配備されていた。対照的に共産党軍には国民党軍の揚子江支配に対抗し、兵員輸送を保護し、水陸両用作戦を援護射撃するといういずれの能力もなかった。[*9]この明白な力の非対称は国民党軍に大きな優位性を与えた。中国共産党は、内戦の次の段階で海戦を制するには海軍力をまず獲得しなければならないと考えた。

これらの要因が重なって、共産党は新たな任務のゼロからの立ち上げに急ぐことになった。中国大陸の内戦は終わりが見えず、中国南部の大半は共産党の支配下になかった。だが、形勢が逆転し、新海軍の立ち上げに資源を割くことができると踏んで賭けに出た。その責任は39歳の陸軍将校、張愛萍の双肩にかかることとなった。

底辺からの始まり

張愛萍は、西側では1955年の一江山島作戦における指揮と、1960年代の中国核・ミサイル開発計画で最も知られる人物で、わずか15歳で革命に身を投じた。蔣介石による反共産主義の粛清も切り抜けて上海の地下運動に参加し、紅軍の動員を支援した。その後、江西省・福建省の境界の一帯を拠点にした中華ソビエト共和国にいた同胞と合流。国民党の共産主義に対する5回目の包囲討伐を逃れて、紅軍が江西・福建を放棄して始めた行軍「長征」に参加した。抗日戦争の間、張は安徽省の基地で出世し、1945年末に共産党と国民党が内戦を再開しようとする中、華中軍区副司令官に昇格する。

中国共産党が海軍建設を決めた時、張は華東野戦軍の後継である第3野戦軍の委員会メンバーだった。その3年前に交通事故で重傷を負ったため、ソ連での長期治療と大連での療養を経て、任務に戻れるほど元気になったのは1949年はじめのことだった。すでにこの時、共産党は中国南部制圧のために大規模な揚子江渡河作戦を仕掛ける態勢を整えていた。

この年の3月25日、張は命令を受けるために安徽省の孫家圩《そんかかん》の華中軍区前線委員会に到着した。内戦の数年を不在にしていたこともあり、張は作戦の計画と実行で積極的な役割を果たそうとやる気になっていた。ところが、第3野戦軍司令官の陳毅からは全く新しい命令が飛び出した。中央軍事委員会は張と第3野戦軍の支援部隊に海軍建設を指示したのだ。

第3野戦軍の中国南部におけるその後の作戦は、この任務を遂行するのに適したものだった。野戦軍には、中国南東海岸を前進し沖合の島々や台湾を奪取することが期待された。揚子江を渡った後、最初に国民党の首都、南京を占領し、その後、川を下って鎮江に入って、東進して上海に向かう。そして、後退する国民党を追って福建省に進軍し、海沿いの福州と廈門を押さえる作戦だ。

中国の東海岸は国民党海軍が残していった人員や船などの集積地だった。さらに、上海の江南造船所といった最も生産性の高い海運業やインフラの多くは第3野戦軍の作戦区域内にあった。中国共産党は宿敵が残していった海上戦力の残滓を取り込むことを十分に見込んでいたのだ。第3野戦軍は中国東部沿海の制海権を確立する責任を負い、海軍建設を始めることになった。

張は新たな任務を引き受けることに慎重だった。とりわけ、迫る渡河作戦に参加できなくなる恐れがあったからだ。躊躇する張は陳に対し、自身の中等教育となんとか泳げる程度の泳力では不適格だと告白したとされる。[*10] 張はまた、海軍には高度の技術力が求められるが、自身の陸軍の経歴で応用できることはほとんどないことも認識していた。陳は部下の心配を察して、張を安心させた。中国全土、特に沿海にある島々を占領するという中国共産党の大きな計画にとって海軍が将来重要であることを強調した。そして、毛沢東自身が重要な任務を張に託すという決定をしたことを伝えた。

もっと重要な点として、陳が張を選んだのは、組織を統率する力があり、学習能力が高いことにあった。陳は1941年、地域の共産党の拠点地域を危険にさらしていた江蘇省の洪沢湖《こうたくこ》周辺の匪賊《ひぞく》を鎮圧する指示を張が受けていたことを覚えていた。資源も経験も乏しい中、張が木造船で小さな戦闘部隊を組織したことを陳は彼に思い出させた。船団は効果的に匪賊を鎮圧したのだった。*11 似たような河川型部隊は山東省、江蘇省、浙江省、福建省、広東省にもあった。これらの型破りな部隊のメンバーは正規兵ではないことから「ローカルネイビー（土海軍）」のニックネームを与えられ、のちに新しい海軍に参加することとなる。*12 こうした成功物語は、この先に待つ困難さとは比べものにならないが、それでも張が新たにストレスの多い状況に即興で適応する管理能力と指導力を兼ね備えた指揮官であることを物語っている。そして、これらの能力はやがて実を結ぶこととなる。

張はしぶしぶ命令を受け入れ、第3野戦軍司令部のあった江蘇省白馬《はくば》廟《びょう》郷《ごう》に向かった。そこで、抗日戦争において新四軍で共に戦った野戦軍副司令官の粟裕《ぞくゆう》に合流する。粟は張の任務を支援するために、自分の部隊から訓練、警備、沿海防衛の部隊と管理部門のスタッフなどを異動させることを約束した。もちろん揚子江渡河作戦が最優先であることから、第3野戦軍が割ける人員にも限界はあった。

張は現場で懸命に学んだ。彼の考えを導く経験も教育もなかったが、伝えられるところによれば、ひらめきを得るために日露戦争の山場となった日本海海戦を描いたソ連の小説を読んでいたという。[*13] また、彼は自らの補佐として第3野戦軍の将校をかき集めた。第28兵団第84師団の参謀長代理だった李進《りしん》は新しいチームに最初に参加した一人でもあった。第3野戦軍の作戦将校で中華民国海軍に関して豊富な知識を持つ黄勝天《こうしょうてん》も加わった。[*14] 兵站担当の将校である張渭清《ちょういせい》にも参加を働きかけ、その後、彼は海軍兵站部門に配置され旧国民党軍の船舶や資産の投入を担当することになる。

1949年4月21日、共産党軍がほぼ敵の抵抗を受けないまま揚子江を渡ると、事態は急展開した。この日、張愛萍は13人のスタッフと会議を開いた。中央軍事委員会から華東軍区海軍（または華東海軍）設立の指示を受けていたのだ。実は、この控えめな集まりをもって、人民解放軍海軍は創設を告げることとなる。

張は最初に海軍誕生を部下の前で宣言し、前途多難であることを説明した。国民党軍は沖合の島々や台湾に撤退していたが、揚子江と珠江の河口を封鎖して上海と広州に経済的損害を与えていた。張は、海軍がなければ中国の沿海地域は不安定であり続け、台湾奪取の任務は実現できないと考えた。同時に、反乱したり逃亡したりした国民党海軍の将校たちが南京や鎮江《ちんこう》などに散らばっていたこともわかっていた。知見を持った元国民党軍兵たちは華東海軍の重要な構成員となる可能性が高いことから、新たな冒険に積極的に参加させる必要があった。

翌日、張一行は、上海北西、揚子江の南側にある国民党軍の要塞だった江陰《こういん》に向かった。反乱を起こされた要塞は、江蘇省から江西省にかけて流れる揚子江沿い800キロにあり、国民党の兵員、船舶、装備を取り扱う拠点となっていた。張の到着から2日もしないうちに、約束されていた人員が第3野戦軍から到着し始め、張の組織は瞬く間に約800人に膨れ上がった。

4月28日、張は「新中国人民海軍の建設と発展に尽くす」と題する大演説を行った。まず党委員会と司令部、政治局を含む海軍の司令機関の設立を表明した。海軍司令官である張は同時に党政治委員も兼任し、党の絶対的な統制を確立した。さらに、沿岸部隊と華東軍区海軍初の船団の編成を命じた。

張は、直近の課題は「一定の護衛力と輸送能力を持ち、陸軍、空軍と連携して中国南東沿岸の島々と台湾、そして最終的に中国全土を解放できる海軍を作ることだ」と宣言した。[*15] 危機感は十分にあった。というのも、中国共産党指導者たちは、1949年末までには姉妹軍種とともに台湾解放に参戦することになる戦闘能力を持つ海軍創設を指示していた。5月4日、中央軍事委員会は正式に張を華東軍区海軍の司令官兼政治委員に承認した。

敵を味方に

張愛萍が組織化を進めるにつれ、国民党軍の抵抗は急速に崩れていった。4月25日、南京近郊の揚子江で共産党軍の渡河を阻止するために展開していた国民党軍の海防第2艦隊で反乱が起きた。これによって、30隻の水上戦闘艦と1200人以上の将校・乗員が失われたことは国民党海軍指導部に衝撃を与えた。国民党軍の権威の失墜は、共産党にすれば元国民党軍将校や人員を味方に引き入れるチャンスだった。また、共産党がかつての敵をどう受け入れ、人民解放軍海軍に統合していくかの実験にもなった。最初のテストは、海防第2艦隊司令の林遵《りんじゅん》少将を説得することだった。この国民党軍のベテラン上級士官が自分の艦隊をかつての敵に引き渡すことに躊躇したのは当然と言える。

林は一度会ったら忘れられない人物だった。海軍の家系出身で、父親は北洋艦隊の将校として半世紀前の日清戦争に参戦していた。林は煙台《えんたい》海軍学堂を卒業し、イギリスの王立海軍大学で学んだ。在米中華民国大使館の海軍副武官などを歴任し出世街道を歩んだ。[*16]

1945年に日本が敗北した翌年の1946年、林は艦隊を率いてパラセル諸島とスプラトリー諸島を奪還し、南シナ海の真ん中の太平島《たいへいとう》に前進基地を設立した。[*17] 南京陥落前、国民党海軍司令官の桂永清《けいえいせい》は林に第2艦隊を下流の上海まで移動させるよう命じていた。桂は首都を脱出する前、林に対し、共産党軍を国民党海軍要員に接近させないよう強く命じていた。

張は林が戦力になることを直ちに認識した。だが、強力な艦隊を指揮していた林の内に秘めた意図と忠誠心の不確実性は間違いなく共産党を不安にした。意思疎通を図るため、張は海軍創設メンバーの李進に、林への接触を図ることを任せた。張は李に対して、林には細心の注意を払いつつ、林と林の部下を尊重し、共産党の大義に加わるよう説得することをアドバイスした。さらに、共産党は将来を見据えており、報復に関心はないことを伝えるよう指示したほか、林を安心させるために反乱軍に月給と配給を復活するよう命じた。[*18]

ところが、李は林から冷たくあしらわれた。そこで張は林と直接話すために南京に急行したものの、第2艦隊の行方をめぐる疑心と考えの違いで対話は難航した。行き詰まりを打破するために、張は第2野戦軍の伝説的司令官で、南京の臨時市長だった劉伯承《りゅうはくしょう》に仲介を依頼した。劉の名声は大きな重要性を持っていた。林と部下との会談で劉は結束の必要性を熱く語り、反乱者たちはどちらにつくのか明確にする必要があることを、声にすごみを利かせて訴えた。[19] 熱心な説得によって最終的に林は第2艦隊を共産党軍に引き渡すことを決めた。中央軍事委員会は林が不本意ながらも引き渡しに同意したことに報いて、林を華東海軍の副司令官に昇進させた。林はその後、東海艦隊の副司令官と軍事科学院の軍事学主任を歴任することになる。

このほか、張による元国民党軍人材の勧誘の取り組みとして、海軍政治局長の孫克驥《そんこくき》に助言を求めた。孫は国民党政権の最高レベルに浸透していた共産党の二重工作員らをよく知っていた。その一人が台湾海軍の管理部門トップ、少将の金声《きんせい》だった。1948年、金は共産党の地下運動に寝返り、国民党に関する貴重な内部情報を提供した。国民党が台湾に逃げ始めた時、金は多数の同僚を説得して本土に留まらせた。張は海軍の人脈を持っていた金の価値を認識し、孫の支援を得て、金にスカウト担当として仕えるよう説得した。金のネットワークは期待された成果を十分に果たし、機械部門の元局長、曽国晟《そうこくせい》、中将の曽以鼎《そういてい》、少将の周応聡《しゅうおうそう》のような高位の指導者を潜伏から引き出した。[20]

張は、技術的な専門知識を求めるがゆえに、過去の確執を克服しなければならないことをわかっていた。金声が連れてきた将校の一人が国民党海軍管理局副局長の徐時舗《じょじほ》だった。徐の国民党軍中枢でのキャリアは政治的に有害である一方、金は徐の受けてきた教育や作戦経験は人民解放軍海軍にとって有益になると確信していた。[21] 1943〜

１９４６年、徐は米スワースモア大学と米海軍兵学校で高等教育を受けた。[*22] １９４７年には４０００トンのアケロオス級揚陸艇修理艦を指揮し、米武器貸与法のもと、太平洋を横断し中国に寄港させたこともあった。その徐が台湾への撤退命令を無視して中国本土で身を隠していた。金は徐の人柄を保証し、張に対して徐を司令官として受け入れるよう説得した。人脈を活用する能力が認められた金はその後、海軍の調査委員会副局長に昇進した。

海軍事情に精通した高級将校に加え、国民党軍の大型インフラと武器と人材が共産党の手に渡り始めた。１９４９年5月上旬になると、華東海軍は鎮江に新たに組織された第１船団を配備し、元国民党軍の海軍将校や兵員を集め、周辺地域で放棄された国民党軍艦艇の引き渡しを受け入れるようになった。船団は、砲艦、哨戒艇、上陸用舟艇を含めて40隻を確保した。上海奪取の準備のため、張は蘇州に行政機関を置き、残存する国民党海軍の資産を没収した。

5月27日、上海は陥落した。張は即座に自身のチームを現地入りさせ、司令部を立ち上げた。１カ月もしないうちに、華東海軍は上海エリアにある海軍施設、工場、造船所、機械、倉庫や病院を国民党から引き継いだ。[*23] 張の最初の行動は地元紙に布告を出すことで、それは当該地域の元国民党海軍の人員に対する恩赦でもあり、リクルートするためでもあった。[*24] 張は青島と上海に元国民党軍兵を受け入れるための登録センターを作った。すると、潜伏していた数千人の兵員が出てきて登録した。同じようなセンターはその後、福州、廈門、広州にも開設され、旧敵軍の人材が次々と集まってきた。

6月中旬までに、華東軍区は上海から九江までの約900キロにわたる揚子江沿いにある町を監督し、青島から廈門までの南北に伸びる沿岸都市にある海軍資産を管理することになった。張は上海と青島の主要な造船所を含む30ヵ所の沿岸施設と、20隻以上の船舶と50隻の小型船舶を指揮することになった。2000人の元国民党軍を含む7000人あまりが張の下で働くようになった。8月、張は華東海軍の三大管理機関となる司令部、政治局、そして兵站部を設立した。さらに、中央軍事委員会に対し早急に中国海軍の各要素を統合し統率する国家機関を作るよう要請した。

寄せ集め海軍

華東海軍が中華民国の残党を吸収し続ける中、張愛萍は艦艇の状況に注意を向けていた。彼の海軍は老朽化していた。わずか9隻だけが戦闘艦艇として数えられる状態で、残りは中規模から小規模の艦艇だった。艦艇は古いだけでなく、中華民国の建国前に造られたもので、しかも国民党軍の整備もひどかった。ほとんどの艦艇は河川での任務で、航海に堪える能力に欠けていた。張が指揮した80隻ほどの艦艇の建造国は10ヵ国以上に及んだことから、船団を動かす推進システムも多種多様で、メンテナンス、修理、補給は悪夢だった。

さらに複雑なことに、国民党が台湾に逃げると、国民党海軍司令官の桂永清は部下に対し、本土で立ち往生している艦艇の破壊または妨害工作を命じた。中華民国空軍もまた、残存する艦艇や沿岸施設を定期的に爆撃した。実際、空軍部隊は第2艦隊が反乱を起こした後、第2艦隊所属の6隻を攻撃し、戦闘能力を削いだ。続く空からの攻撃で上海の江南造船は大きな被害を受け、造船所の従業員は死傷した。国民党軍の制空権に対抗する力を持たない共産党軍は、船を分散させ、隠し、カムフラージュしながら防空強化を図った。同時に、造船所の従業員は、国民党軍が爆撃を止める夜間勤務にシフトを変えた。

張は、持っているわずかなものを活用するため、点検修理委員会を結成した。金声にリクルートされた国民党将校だった曽国晟に同委員会を監督する任務を与えた。曽は呉淞《ごしょう》海軍学校を卒業後、水上戦の将校として勤務していた。国民党軍の同僚のように日本やドイツ、英国に留学し、造船と魚雷の技術を専門的に学んだ。造船部門でキャリアを積み、1945年までに海軍司令部機械局長に昇進し、上海海軍造船所を指揮していた。[*25]

新しい委員会の委員長として、曽は気の遠くなるような任務と向き合うことになった。曽は、華東海軍が台湾と沖合の島々を拠点とする国民党軍の海洋戦力に対抗するには20〜

24隻の水上戦闘艇が必要だと考えたが、その艦隊の規模は共産党には手が届かないと判断した。張との相談を経て、曽は艦隊に重みを加え、海軍のバランスを正すために複数のアプローチを追求した。

曽提督はまず、上海エリアにある海軍および民間の全船舶の記録を集める組織的な調査を実施し、素早く任務に就ける修理可能な船舶を選んだ。彼の部下は上海市を流れる黄浦《こうほ》江《こう》や江陰で放棄され拿捕《だほ》されたフリゲートを曳航し、大がかりな修理や改造を行った。さらに、青島からフリゲートを移送するよう中央軍事委員会に要請した。曽は当時上海市長だった陳毅の許可を得て、上海漁業公社を含む様々な民間企業から軍事用に改造できる商船や漁船6隻を調達。また、兵站部員を香港に派遣して商船を調達した。[*26] そして揚子江沿いで放置された軍艦4隻を回収して再建するために地元に引き揚げ会社を設立した。

生まれたばかりの海軍に存在感を与えるため、曽は青島と上海から戦車揚陸艦8隻と兵員輸送船6隻を購入または譲り受けた。そして、数百丁のソ連製海軍銃を購入し、陸軍から1000門近い大砲を調達した。[*27] その上で、大砲と榴弾砲を艦艇に載せ、134隻に約800門に近い大砲を搭載した。[*28] 3カ月以内に16隻の武装した民間船舶と修理した艦艇を納入した。1950年5月までには最大150隻の派遣準備が整った。別の研究によると、華東海軍は、国民党海軍から軍艦183隻、民間船舶169隻、引き揚げ船

6隻、香港を通じて購入した中古船48隻を集積、排水量はそれぞれ4万3000トン、6万4000トン、1715トン、2500トンに達した。[*29] 型破りな次善策が評価され、曽は兵站局副司令官と技術局長に昇進した。

だが、曽は別の問題に直面した。深刻なスペア不足だ。1隻を稼働させるために5、6隻からパーツを取る〝共食い〟の必要があると見積もったが、それも明らかに持続不可能なことだった。当時、西側諸国が共産党に対して禁輸措置をとっていたことから、地方都市や工場も部品不足に苦しんでいた。この問題をさらに調べるために、曽は造船所の労働者から解決策の聞き取りを行った。すると、国民党が上海から撤退する際、強制的に機械を撤去して台湾に輸送したが、多くの労働者が備品や器具、計器、金具、工具を隠す不服従行動をとっていたことがわかった。つまり、労働者が隠した物品を回収することができるということだった。

曽は、この新しい情報を裏付けるため、江南造船所の主任技師である王栄槟《おうえいひん》に頼った。王は1946年から江南造船所に勤める高学歴の国民党軍将校だった。福建省の馬尾《ばび》海軍学校卒業で、内燃機関を英マンチェスター・カレッジ・オブ・アーツ・アンド・テクノロジーと米コーネル大学で学んだ。彼は労働者たちが命懸けで国民党に反抗していることを知っていた。だが、どこに物品が隠されているかはわからなかったことから、中国海軍は公に〝愛国的寄付〟を呼びかけることを決め、張は隠匿された道具や設備の返還を促す大規模集会を開催した。そこで王が最初に行動し、圧倒的な量の技術データを提供してみせた。すると、数日の間に寄付が殺到するようになり、王は模範を示したとして表彰されることになる。王はその後、中国初の第1世代潜水艦や中国初の外航貨物船（排水量1万トン以上）の建造を主導し、海軍の著名エンジニアとなる。

海軍創設から1周年を迎えた1950年4月23日、華東軍区海軍は重要な節目を記念した観艦式で新艦隊の命名式を行った。南京の草鞋峡《そうあいきょう》では揚子江の南岸沿いにさまざまな軍艦や武装した民間船舶が並んだ。式典の司会者、海軍副司令官の林遵が、中央軍事委員会から華東軍区海軍の新艦隊の立ち上げを命じられたことを明らかにした。新艦隊は、各6隻の水上戦闘艦を抱える護衛艦隊2個、14隻の水陸両用艦隊、5隻の掃海艇からなる。[*30] 張はそれぞれの船を命名した。フリゲートは省都名、砲艦は革命期の有名な都市名、大型揚陸艦は革命期の拠点の地名が与えられた。[*31] この時の命名方法は慣習となっていまも受け継がれている。

海軍旗艦の背景

人民解放軍海軍の最初の旗艦「南昌《なんしょう》」の複雑な生い立ちは、共産党の絶望的な物理的状況をもっとも明確に示していた。実は、この中国の一番艦は1903年に竣工した「宇治(初代)」に起源をたどる。大阪鉄工所で建造され、大日本帝国海軍の外洋砲艦として1941年に就役した「宇治(二代目)」は揚子江部隊の旗艦となる。内水と外洋を航行するため、120ミリ砲や対空砲、対潜水艦装備一式、長距離通信機やレーダーを搭載していた。上海を拠点にする「宇治」は最初の数年を揚子江のパトロールにあたり、太平洋戦争中は東シナ海を航行する輸送船団の護衛に従事した。

日本が降伏した後、「宇治」は中華民国軍に接収され、「長治」と改名。接収時、「長治」は艦隊で最も重武装で近代的な船の一つで、直ちに国共内戦に投入された。国民党軍の第1艦隊旗艦として青島を拠点に、山東半島沿いの共産党支配地域における封鎖作戦の先頭に立った。戦争の潮目が変わり、中国北部で国民党軍の抵抗が崩壊すると、「長治」は取り残された国民党軍兵士を救出し、中華民国軍を台湾へ撤退させるため、中国本土と台湾を行き来した。*32

1949年5月の上海陥落によって国民党海軍は、寧波《ニンポー》の東に位置する舟山群島の定海《ていかい》海軍基地まで後退することになった。共産党が掌握した上海の河川貿易を封鎖するため、国民党軍は「長治」を封鎖任務にあたらせ、揚子江の支流で上海の主要な経済の大動脈だった黄浦江の出口、呉淞口付近の船舶を狙った。同年9月19日、杭州湾と揚子江河口が交差する大戟島《たいげきとう》の近くに停泊中の「長治」で反乱が起こった。実は、反乱が起こる数ヵ月前に共産党軍は船員への浸透工作を行っており、反乱が発生した時点で40人ほどの乗員がすでに寝返っていた。[*33] 共産党軍は国民党軍を奇襲し、司令官や執行官を殺害して「長治」を接収した。

反乱者たちは艦を、著名な上海のウォーターフロントである外灘《がいたん》へ移動させ、そこで華東軍区海軍兵站部門の副司令官で、国民党海軍将官だった曽国晟によって暖かく迎え入れられた。国民党軍の報復を恐れ、海軍の共産党委員会は艦を揚子江沿いの内陸に移動するよう命じた。反乱の知らせはすぐに国民党軍に届いた。共産党軍による「長治」の使用を阻止するため、「長治」が沿岸から270キロほどの南京に到着するのとほぼ同じタイミングで中華民国空軍による容赦ない空爆が始まった。いたちごっこには勝てないことを認識した共産党軍はしばらくの間、戦利品である艦を手放すことにした。ただ、搭載されていた重要な装備は取り外した上で、穴を開けて南京の北にある燕子磯《えんしき》に沈めた。[*34]

1950年初頭、共産党軍が中国本土の制空権を十分に確保した後、張は「長治」の引き揚げを決めた。ソ連のアドバイザーの助力を得て、艦は無傷で引き揚げられ、同年2月に上海の江南造船所で修理・修復が行われた。2ヵ月後の華東軍区海軍設立1周年の日に艦は「南昌」に改名され、新設された第6艦隊の旗艦に任命された。同年7月には人民解放軍海軍の任務につき、その後、ソ連海軍の砲と装備を再装備されることとなった。

旗艦は、1953年の東磯島《とうきとう》作戦、1955年の一江山島作戦、そして同年の遼東半島と1959年の浙江省の東端、穿山《せんざん》半島近海で行われた海軍訓練に参加した。*35 おそらく最も重要なのは、「南昌」を中国共産党指導者が相次いで訪問したため、中国の水上部隊の公式の顔になったことだ。1950年から1953年の間、陳毅、劉少奇《りゅうしょうき》、彭徳懐、毛沢東が交代で視察に訪れている。

「南昌」の初代艦長、郭成森《かくせいしん》も華東軍区海軍の指導者ポストに就くまで紆余曲折の道を歩んできた。国民党の福州海軍学校卒業後、郭はさらなる訓練と教育を受けるために、1943年に米国と英国に派遣された80人の若手将校の一人となった。期待の星たちは内戦後の中華民国海軍の中核を成すことが期待されていた。郭とほかの20人は王立海軍大学入学後、ポーツマス海軍基地で戦術訓練を受けた。それから、彼らはヨーロッパ戦線で英国軍艦に配属されることになる。郭少尉は、重巡洋艦HMSケントの当直士官として、ドイツ海軍とのいくつかの主要な交戦を目の当たりにした。*36

1946年に中国に帰国した郭は、青島海軍学校の教官となり、国民党海軍はその後、郭大尉を「長治」の副長に任命した。海外での勉強、戦争体験、英語力を兼ね備えた郭は貴重な存在となった。彼が共産党軍に転向した経緯は不明だが、郭は「長治」での反乱の共謀者で、地位の権威を利用して共産主義のシンパを集めた。国民党海軍司令部に郭の正体がばれると、共産党の地下組織は郭を急いで安全な場所へ逃した。郭は反乱に参加できなかったものの、艦内で秘密組織を作る上で重要な役割を果たしていたことは間違いない。

共産党軍が「長治」を沈めた後、華東軍区海軍は引き揚げ作業の調整と新しい乗組員を訓練するために郭を南京海軍学校に派遣した。張愛萍は何度も郭のもとを訪れ、艦の修復の進捗状況を確認した。そして、郭をのちに「南昌」に改名する艦の艦長に昇格させるとともに、元国民党軍将校を中国共産党の仮党員に選ぶという異例の人事を行った。「南昌」の艦長として、郭は1950年代初頭の主要な洋上作戦に参加し、その後、第6艦隊と海軍司令部の航海部門を指揮することになる。1955年には大連艦艇学院に配属となり、30年に渡って航海術の指導にあたった。

「南昌」と郭成森の物語は、新設された海軍が直面した技術面、人事面において驚くほどの難題の一端を垣間見ることができる。共産党はハードとソフトの両面を宿敵から受け継いだ。大日本帝国海軍の基準でいえば、よくても二流の艦艇である中古を使うしかなく、一番艦を指揮するために比較的若い海軍士官たちの経験を生かさなければならなかった。いわば中国海軍はスクラップをかき集めるしかなかったのだ。同時に、砲艦を温存、修復しようとする努力は共産党の海軍増強に対する執念と決意を表していた。張の、成せばなる精神と現実主義が海軍増強の進化に貢献したといえる。

人的資本の構築

海軍の物理的な状態以上に、張愛萍が奮闘しなければならなかったのが海軍力の人的側面だった。国民党海軍第2艦隊司令官の林遵大佐を取り込む時の苦労と、徐時舗船長の政治的信頼性をめぐる懸念は、かつての敵と和解することの難しさを物語っていた。元国民党軍指導者たちの協力を得るためには、中国共産党は巧みな説得をしなければならなかった。同時に、中国共産党は、この共同事業で意義のある何かを提供できることを明示する必要があった。

和解の意思を示すため、1949年8月、中国共産党指導部は、張と元国民党軍で張の部下である林遵、金声、曽国晟、徐時舗らと会うことにした。この面会の重要性を示すように、張一行は朱徳、劉少奇、聶栄臻《しょうえいしん》、周恩来に迎えられた。そして、結果的に一行は北京の一角にある指導部の地区である中南海で毛沢東と2時間会談することになった。会談で毛は意図を明確にした。「我々が作っている海軍は人民のための海軍である。人民の海軍は中国共産党の指導の下にある人民解放軍の構成要素であり、解放軍の優れた伝統を引き継ぎ、前進させ、団結して努力し、我らの沿岸部を守らなければならない[*37]」。

続けて毛沢東は、元国民党海軍将校たちは国家の宝だと言い切った。そして、共産党同志たちが彼らから学ぶべきことは多いと認めた。さらに、彼の軍には真似るに値するイデオロギーと戦闘経験で優れた歴史があると主張した。最後に、「新しい人民の海軍を作るために、新旧同志は団結し、互いから学び、共に努力しなければならない」と述べた。[*38] 団結と相互の学び合いによって相手の良い面を引き出せると主張することで、毛沢東は共産党指導部が過去の敵と協力する準備があるとの明確なシグナルを送ったのだ。会談後、毛沢東はこの出来事を記念して碑文を書いた。「我々は海軍を作らなければならない。この海軍は我々の沿岸部を守り、帝国主義者の侵略から効果的に防御できるものでなければならない」。[*39] この碑文は、毛沢東が展望する海軍の将来の方向性をとらえたものだった。

会談によって中国共産党の誠意に対する不安は払拭されたかもしれないが、張には元国民党幹部と共産党幹部を統合するという現実的な課題が残されていた。2つの問題があった。1つは、彼の部下のほとんどは陸軍出身の農村出身者で教育水準が低く、技術的な知識も乏しく海軍建設には不向きだった。一方、元国民党海軍将校や乗員は、必要な技術と知識があったが、中国共産党のイデオロギーを十分に教えこまれていなかった。張はこの2種類の人たちをあからさまに「障がい者（跛子）」と表現した。[*40]

技術面の教育が不十分な者と革命的でない者との差を埋めるために、張は海軍の研究委員会と海軍学校を立ち上げた。研究委員会は海軍司令部の中に作られ、17人の元国民党軍の高級将校で構成された。張は国民党海軍の元参謀総長、曽以鼎を委員長に置いた。また、曽にさらに権威を与えるため海軍兵站副部長に昇進させた。委員会は海軍の内部シンクタンクとして重要な政策課題に取り組むとともに、海軍全体でのアイデアや構想の流れをつくる情報センターとして機能させた。張は元国民党軍の人間に組織的権威を与える一方、新事業を強化するために知的武器を加えることを意図したのだった。

張は、南京の旧中華民国本部の敷地内に海軍学校を設立し、自らを校長兼政治委員に任命した。学校を5個連隊と1個大隊に組織した。[*41] 最初の3個連隊は元国民党軍の若手幹部への政治教育を行い、第4連隊は新たに入隊した若手のインテリや教養のある都市生活者を受け入れた。1個大隊は元国民党軍の上級将校に対する政治教育に専念した。第5連隊では、国民党軍の元将校が人民解放軍幹部への基礎的な技術カリキュラム教育を担当した。[*42] 張は学校を共産党軍と元国民党軍側の間のアイデア、伝統、ノウハウを互いに影響し合う場にしようと明確に意図していた。1949年9月の開校時、約3800人の学生が在籍した。

海峡を隔てた台湾への侵攻に備え、中国海軍は海軍学校の組織編成をもとに、2つの戦隊を編成した。学校の第5連隊は第1戦隊に欠員が出た際の補充人員を供給する役となり、第1連隊の卒業生は第2戦隊の人員の穴を埋めた。各戦隊は連隊長・副連隊長・政治委員が8〜10隻の水上戦闘艦を率いることになったが、3分の2の乗員は最低限の訓練と教育を受けた陸軍幹部で、残る3分の1は元国民党軍だった。[*43]

政治的信頼性に懸念があったにもかかわらず、張は徐時舗大佐を技術部門のトップに置いた。しかし、教育面での課題は膨大だった。能力のある人材の需要は、十分な訓練と教育を受けた人材の供給をはるかに上回っていたのだ。需要と供給のミスマッチを深刻にしたのは、海軍の建造、維持、運営には高度な技術の特質から継続的な人的資本に対する相当の投資が必要とされていたことだった。張はソフトウエアがハードウエアと同様に重要であることを認識していた。徐によると、中華民国海軍の将校は最低でも中等教育を修め、少なくとも6〜9年の追加的訓練と教育を受けていた。しかし、立ち上げたばかりの張の海軍にはそのような贅沢をする時間も資源もなかった。

そこで徐は艦隊の人員ニーズに応えるための暫定策を提案した。弥縫策《びほうさく》は、徐の得意とするところであった。1945年、徐は8隻のアメリカ軍艦の中華民国への移管を受け入れる準備として、米国で部下の集中訓練を監督した経験があった。その2年後、彼は青島で同じ技術を部下に伝授して、ニューオリンズで待ち受けていた揚陸艦の修理船の指揮を執った。この経験から、徐は最低限の訓練を受けた人員を乗船させるには6カ月もあれば十分だと考えていた。[*44] 乗員は陸上施設と現場で学ぶしかなかった。与えられた状況下で、徐はこのような選択を甘受するしかなかったのだ。[*45]

統合に関係するほかの問題も海軍を苦しめ続けた。共産党軍と元国民党軍の相互不信はうわべだけの協力の下でくすぶっていたのだ。双方の人間が激しい内戦下で人を殺している。元軍人の間の文化的、階級的な違いは分断を深めた。都会出身で教養のある元国民党軍は共産党軍を見下す一方、革命軍幹部はかつての敵のイデオロギー的熱狂の欠如を嘲笑った。このように深く根差した偏見やあからさまな敵意があったことから、張は元国民党将校や部下が新しい海軍の将来に関与するよう、あらゆる人事政策に注意を払った。

実のところを明かすと、張は元国民党軍をどう呼ぶのかの判断を下さなければならなかった。革命軍の退役軍人には、かつての敵を「あの国民党軍」とか「あいつら」と蔑むような名称で呼び、分断と士気低下の芽を植え付けていた。張は、団結心を脅かすような些細な侮辱をなくすためにすぐに動いた。熟慮の末、清国、国民党、そして憎き日本に協力した傀儡《かいらい》政権など、過去の政権で働いた人たちを網羅する「原海軍人員」という元来の海軍人員を意味する表現を提案した。これに対して、陸軍や共産党からの人たちは「新海軍人員」と呼ばれることになる。[*46] 軍人たちは中立的な響きの言葉を積極的に受け入れた。

また、張が呆れたのは、海軍研究委員会の高級幹部を含む海軍幹部が元国民党員と機密書類を共有することを拒否したことだった。このような情報管理は重要な知的作業とスタッフの仕事に大きな支障を来たす恐れがあった。張の部下は元国民党軍関係者の政治的信頼性を疑い、情報漏洩を恐れて情報源との接触を遮断した。張は即座に部下を叱責し、すべてのファイルを疑うことなく公開するよう指示した。いまや「原海軍人員」は革命軍に加わったのだから、彼らを同志として信頼するのは必須だと説明した。

張はさらに、元国民党軍人らが慣れ親しんできた生活の質を維持することにこだわった。経済的な困難にもかかわらず、司令官は白米や精製麵といった高品質の主食を彼らに振り分け、共産党軍幹部は玄米や全粒粉の麵を食べた。また、月給を払い続け、現金がないときは現物支給で白米を提供した。社会経済的な公平性は革命の本質的な論理的根拠であったため、これらの政策は政治的に危険だった。不公平が生じて嫉妬や不満が幹部から噴出するのは確実だった。しかし、張にとって、貴重な人的資源に十分な食事と給与とやる気とモチベーションを与え続けるためのコストは正しい対価だった。[*47]

中国海軍の第1戦隊の本拠地である鎮江では、2つの派閥の間で起きた大きな紛争を直接仲裁しなければならない事態が発生した。共産党軍と元国民党軍が共に働き、交わる中で、家庭環境、人生経験、教育レベル、政治観、文化的環境の違いが大小の社会的摩擦となって表れたのだ。元国民党軍は新生活を支配する慣れないルールや規則への不満を口にする一方で、共産党幹部たちは敗北したブルジョアの理不尽な不満だと受け止め、反発した。第1戦隊が立ち上がってわずか数ヵ月後の1949年の初夏までに、対立は収拾がつかない状況に発展した。内紛に過剰反応した第1戦隊の政治局が自己批判集会を開いた。この動きは大失敗だった。というのも、集会は激しい非難の応酬となり、幹部が元国民党軍人を監禁するぞと脅して終わる始末だった。その結果、複数の元国民党員は辞め、そのほかの人は抗議活動を行った。

この事件のことがやがて張の耳に入ると、彼は鎮江に急行した。責めを負うのは第一に幹部だとの思いから、張は怒りを共産党同志にぶつけた。革命家たちが元国民党員の不満に冷静に対応していれば、デリケートかつ始まったばかりの関係を壊すほど議論がエスカレートすることはなかった。張はまた、元国民党の人間には反動的な考えと偏見が深く根付いていると強く主張した。元国民党員を引き寄せるためには時間と忍耐、教育、説得が必要だった。張は部下に対し、信頼、協力、団結の精神をもって相手に接するよう忠告した。彼はさらに悪化しかねない喧嘩を仲裁し、信頼醸成のプロセスを修復できなくなるような事態を回避した。張にとっては、プライドや感情よりも任務が最優先されなければならなかった。

張愛萍の貢献

張愛萍が1949年4月に華東海軍の司令官に就任後に直面した困難の大きさを控えめにいうことは難しい。海軍を立ち上げるために、物資や人的資源の深刻な不足に対応しなければならなかった。しかし、張は約1年で海軍の基礎を作り上げた。ここまで物事を可能にした彼のリーダーシップの鍵は、プラグマティズム（実用主義）だった。かつての敵とのイデオロギーの違いや過去にとらわれない姿勢は、彼の努力の始まりには重要だった。本章が明らかにするように、元国民党海軍将校や乗員たちは華東軍区海軍の創設で、技術的専門性の提供から、訓練、教育、造船所作業から軍艦乗船まで、ほぼすべての側面で役割を果たした。第4章が示すとおり、張の立ち上げ時の計画は正式な海軍（PLAN）を創設する際の重要な雛形となっている。

第4章　人民の海軍

華東海軍は準備が整うや否や、1950年代半ばに最初の作戦を実施した。近代的な西側の基準と比べれば、作戦は規模と精密さで見劣りするものだった。だが、中国海軍の海上戦の考え方が実現可能であることを裏付けた。華東海軍は、より強い相手に勝つことを前提に戦闘で戦術的アイデアを試し検証した。これらのアイデアの多くは、本研究で記録された洋上作戦でも体現されていることがわかる。

1950年初頭、華東海軍を基にした国家レベルの海軍建設が本格的に始まった。初代司令官、蕭勁光率いる人民解放軍海軍（PLAN）の正式発足には、中国の国防組織内の位置付けや役割、任務を慎重に検討する必要があった。蕭は、華東海軍での張愛萍の実験を研究、再現し、海軍建設計画に不可欠とされた元国民党海軍の軍人を徴用するべく現実的なアプローチを追求した。蕭と部下は海軍の組織的な枠組みを立ち上げ、教育センターを作り、部隊構成を決め、PLANに永続的に影響を与えることになる建軍計画を作った。

建軍中の戦闘

張愛萍は、新しい軍の組織的、物質的な基盤を確立しようとする一方で、差し迫った安全保障と作戦上の課題に対処しなければならなかったことから、「建軍しながら戦う（辺打辺建）」という苦しい立場に置かれた。[*1] 最初の任務の一つは、法と秩序と国内治安に対し絶えず脅威となっていた匪賊と取り残された国民党員への対処だった。1949年8月、張がまだ所属していた第3野戦軍から、太湖にいる匪賊を撲滅せよとの命令が下った。上海西方の江蘇省と浙江省の境、面積2200平方キロメートルの湖は長年、匪賊が跋扈《ばっこ》していた。対処するために鎮江を拠点とする第1海防部隊が、創設から3カ月もたたないうちに動員された。部隊の指揮官らは、共産党軍（一部は土海軍）と元国民党軍の兵士計200人を選び、砲艦13隻、哨戒艇、上陸用舟艇を集めて砲艦部隊を編成して任務にあたった。[*2] その結果、陸軍が捕獲の準備をして待ち受けていた岸まで匪賊を追い出すことができた。

さらに大きな問題だったのは、中華民国海軍が台湾に撤退する際、揚子江河口に撒いた機雷の存在だった。これによって海上物流が妨げられ、上海の経済は大打撃を受けた。経済的打撃は相当深刻で、周恩来、陳毅（当時の上海市長）と粟裕（南京軍区副司令官）の全員が張に対し、機雷原の即時掃海を求めた。張は臨機応変に対応できる兵站部門の副局長である曽国晟に助けを求めた。機雷対策の複雑さを曽から聞いた張は、南京海軍学校から150人を選んで機雷掃海の集中講座を受けさせ、その間、曽は小型船を改造・再装備して掃海艇に変えた。

1950年4月、華東軍区海軍は最初の掃雷大隊を立ち上げた。2カ月以内に、25トン揚陸艦10隻を初の機雷掃海任務のために派遣した。これにはソ連のアドバイザーが指導にあたった。だが、最初の試みは大失敗だった。小型船は速い潮流のため艦位を保持できず、細いワイヤーも機雷のケーブルに引っ掛かって切れるなど、乗員も任務遂行の技術と経験が不足していた。2カ月を無駄に浪費した末、張は任務を中止し部隊を再編成した。

一方、揚子江河口では機雷に接触して沈没する商船もあり、大きな被害を起こす原因になっていた。張は機雷除去が終わるまで揚子江の海上交通を遮断するよう迫ったが、船舶輸送を失うリスクを冒すことに対する経済的圧力はあまりにも大きかった。落ち込んだ上海経済は、海運や水産業を維持することを強く必要としていたからだ。度重なる議論の末、張と上海の地元指導者は揚子江の一部を封鎖することで合意した。一方、張は、さらに大きな上陸舟艇4隻（380トン）を徴用した。乗員が集中訓練を受ける中、海軍はソ連が供与した掃海ワイヤを装備した。9月中旬には新しい掃海任務部隊が2度目の挑戦を行う準備が整った。しばらくして張の新たな対処は奏功した。それから1カ月以内に揚子江河口から機雷は消えた。[*3]

初期の海上作戦（1950年6月15日〜7月8日）

機雷掃海に従事する一方で、華東海軍はほかの差し迫った洋上の脅威にも注意を払わなければならなかった。1950年5月、国民党は海南島陥落後、一戦も交えずに舟山群島から12万人の兵力を撤退させた（第5章参照）。撤退は、共産党軍にとって中国で最も重要な経済的ハブである上海南方の杭州湾付近における最大の物理的障害を取り除き、敵の支配力が残る島々を敵から解放する突破口を開いた。張は、上海、寧波、舟山を結ぶ海上交通路の要衝に位置する3つの島嶼群、崎嶇《きく》列島、嵊泗《しょうし》列島、馬鞍《ばあん》列島に軸足を置いた。西の崎嶇から東の馬鞍まで、島嶼群は東シナ海までの40海里（約74キロ）をカバーする。国民党軍は商船や漁船、海軍の航行を妨害するのに好都合の位置にいた。共産党はまた、破壊工作員がこの島々を使って本土に侵入することを恐れていた。

潜在的な危険性を取り除くため、張は海軍の窮状に適した作戦計画を編み出した。敵の国民党軍はいまだ空と海を支配し、技術的に優れた兵器で共産党軍よりも致死的な火力を備えていた。張は、軍事的指導の本質をとらえたスローガンを考え出した。部隊に出した指示は「島ごとに攻撃し、先に弱きを叩いて後に強きを叩き、先に小を叩いて後で大を叩け（逐島進攻、先弱後強、先小後大）」[*4]。そのモットーは人民解放軍が島嶼群を正面から順番に制圧することを意味する。戦略は、敵の最も弱い、あるいは最も脆弱なポジションを最初の標的として優先し、より能力の高い敵部隊に対しては軍事的攻勢を徐々にエスカレートさせるというものだった。

張は作戦を段階的に分けた。まず、上海の南方にある小島、杭州湾の灘滸山島《たんきょさん》を奪取。そして、灘滸山島を拠点に、東に向かって崎嶇群島の中心である大洋山島と小洋山島を支配。最後に主要部隊を投入して、嵊泗とさらに東の島々を占領するというものだった。国民党の拠点を徐々に切り崩していくことで、残る敵の陣地が持ち堪えられなくなり、最終的に崩壊することを狙ったのだ。部隊の運用について張は、脅威は迅速に分散し、チャンスにすばやく集中できる小型船の派遣を計画した。乗員は近接戦闘に精通し、ゲリラ戦術を海上戦闘に応用した。海戦にあたり、張は陸戦における人民解放軍の作戦の伝統から意識的に経験を引き出した。また、国民党軍が依然、空を支配していたため、機動力のある小型船の方が空からの攻撃をかわしやすかった。

1950年6月15日、華東海軍は歩兵大隊を乗せた揚陸艦4隻と砲艦12隻からなる船団を編成し、灘滸山島への水陸両用作戦を実施した。比較的順調な輸送の後、部隊は攻撃を受けることもなく上陸し、砲弾1発さえ発射することなく50人の敵兵を捕らえ、軽火器数点を押収した。この島の占領は国民党指導部を警戒させた。最西端にある前哨基地である灘滸山島を占領したことで、共産党軍は東方の島々を支配する国民党軍の監視を封じたからだ。さらに、海岸から近くの島での作戦で、小規模部隊とはいえ、共産党軍の沿岸作戦を遂行する能力は国民党軍を驚かせた。

7月初旬、張は勝利の勢いに乗じて作戦を進めた。華東海軍は上陸船2隻と砲艦4隻からなる部隊を編成し、反撃にも備えた。7月6日に上海を出港した艦船は、その翌日、輸送に少しの困難があったものの、守備の手薄な大洋山島と小洋山島に兵を送り込んだ。8日には艦船は東進し、馬鞍列島の東端にある嵊《しょうさん》山島の守備隊と短い砲撃戦を行った。戦闘状態のまま上陸するも、すぐに守備隊を制圧し、作戦は終了した。[*5] この迅速な島の制圧によって、国民党が支配する島々にパニックが広がった。

披山島作戦（1950年7月9～12日）

華東海軍は、上海から南に約130海里（約240キロ）の、浙江省の台州湾を囲む島嶼群に着眼した。杭州湾と同様、国民党軍は島々に潜伏しており、主要都市の台州や沿岸の海上交通に脅威を与えていた。国民党が支配する大陳《だいちん》島は、その地域で最も大きく、最も厳重に防衛されていた。台州の南東21海里に位置し、大陳と本土との間に島がないことから、共産党は大陳島の要塞に直接渡らなければならなかった。それは前回の上海近くでの作戦よりももっと野心的だった。

海軍司令部は、10隻ほどの木造船を含む部隊を編成して台州の海門港に派遣し、陸軍第21師団第186連隊を乗せることにした。陸海合同司令部は、大陳島への奇襲を計画していた。部隊は大陳の対岸にある琅磯山《ろうきさん》島に滑り込んだ。国民党守備隊を奇襲するタイミングを待つ一方で、13海里の海路を一気に突破しなければならなかった。計画は、以前の張の軍事指導よりもはるかに直接的で危険なアプローチだった。

7月9日、船団は隠密裏に琅磯山島に渡り、金清港に滑り込んだ。船団は隠れて命令を待った。翌日、共産党軍の砲艇3号と103号が定期パトロール中に国民党軍艦艇が琅磯山島に近づくのを発見。103号は報告のため港に戻ったものの、頭に血がのぼった3号の船長が慌てて無許可の攻撃を行ってしまった。全く不利な交戦だった。3号は25トンだったが、対する国民党軍の艦艇は300トン以上で高性能の銃を装備していた。武器の数でも大きさでも負けていた3号はこの衝突で沈められ、乗員17人中14人が命を落とした。この戦いは、国民党側に大陳に攻撃が迫っていることの事前通知になるとともに、琅磯山島で反撃に備えていた共産党軍の位置を晒してしまうことになった。国民党軍は近くの一江山島と披山《ひさん》島から兵力を集め、大陳での守備隊を強化。奇襲ができなくなったため、共産党軍陸軍と海軍の司令部は部隊に海門への撤収を命じた。おそらくその決断で水陸両用戦力は惨事を回避した。

しかし、陸海合同司令部は断念することに消極的で、攻撃継続の戦術的原則に従わない場合の士気の低下を懸念した。そこで合同司令部は、島の拠点に対する正面攻撃を回避する代替策を提案した。これに対して地元司令官たちは大陳周辺の国民党の拠点を攻撃することを決めた。大陳の近くにある守りの薄い土地を制圧することで、過度のリスクを負わずに共産党の目的達成に向けて前進できると考えたのだ。作戦立案者は、攻略先を一江山島にするか、国民党軍が大陳強化のために兵力を手薄にしていた披山島にするかを議論した。一江山島は守備力が落ちていたものの、大陳島からわずか7海里ということもあって国民党軍はすぐに援軍を送ることができる。一方、披山島はより強固に守られていたが、前哨基地は孤立しており、大陳の南37海里にあり、国民党軍の援軍が到着するまでに時間がかかるかもしれない。共産党軍は披山島への攻撃を決めた。

陸海合同司令部は、作戦方針を「大陳攻撃にみせかけて敵艦を足止めし、直接披山を攻

地図 4.1

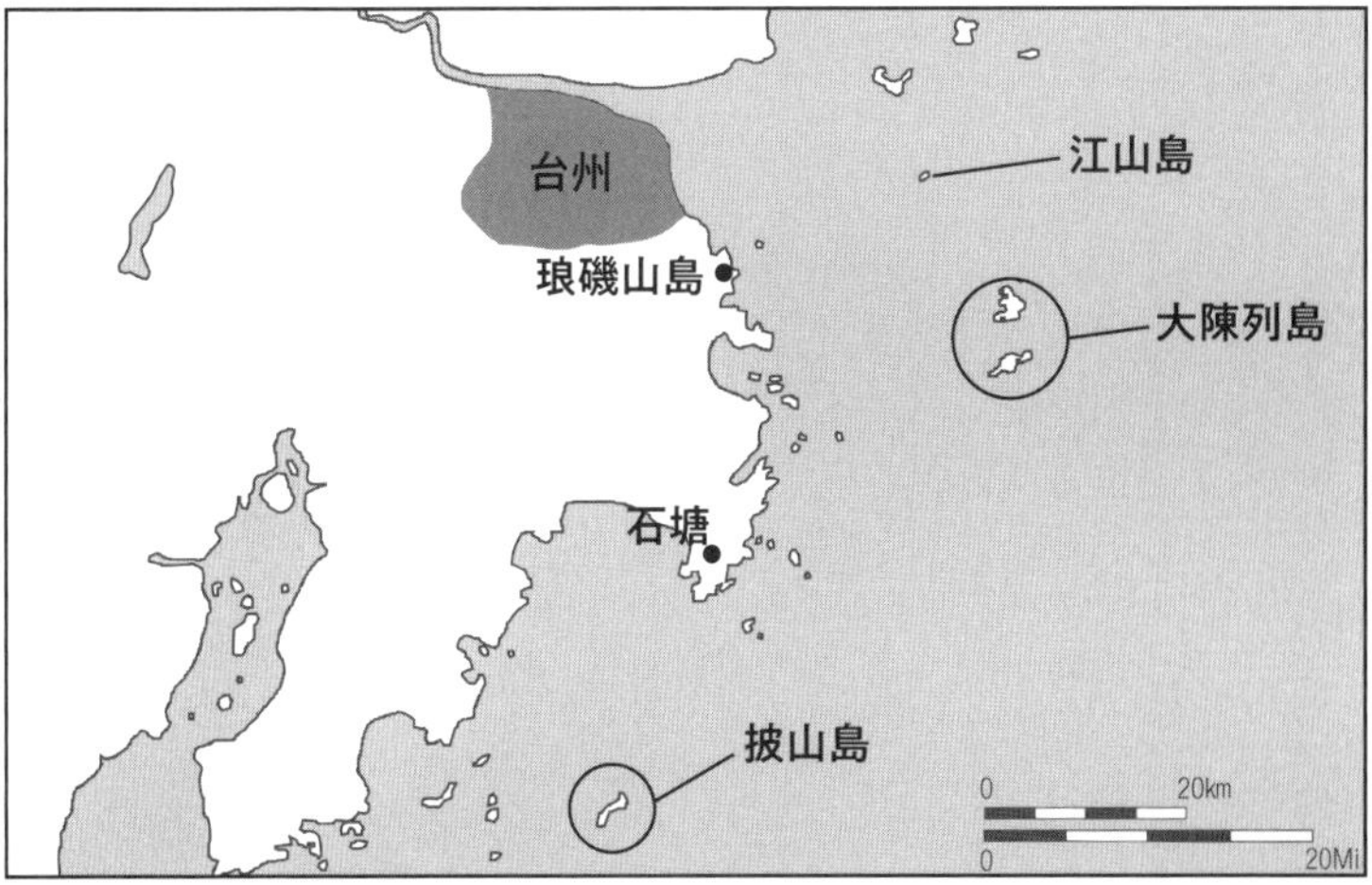

撃せよ（佯攻大陳、牽制住敵艦、主攻披山）」とした。[*6] 作戦立案者は優れた戦力を集中した長距離夜襲を想定していた。その想定は、攻撃部隊が高潮を待って島に上陸し、急速で深く攻撃し、守備側を圧倒的かつ迅速に殲滅《せんめつ》するものだった。[*7] 作戦立案者たちは部隊輸送の効率的な案内と、順調な上陸が作戦成功に不可欠だと認識していた。それゆえに、作戦環境を詳しく把握するために地元住民を頼りにした。また、海洋条件とエンジン付きジャンク船の動作に詳しい経験豊かな船長を雇い、助言を仰いだ。補給が難しいことを想定して、弾薬と兵器は多めに準備した。

現段階で中国の資料では、この戦闘に関して2つの異なる説明がある。一つのバージョンは、部隊を2つに分ける計画だった。先導する護衛部隊は披山島を監視している国民党軍の前方警戒部隊を撃退し、後続の護衛は兵隊を運ぶ船の左舷を守る。両護衛艦は、上陸時に火力支援を行い、部隊上陸後は島に接近する者の警戒にあたる。30隻のエンジン付きジャンク船は二手に分かれて、2個歩兵大隊からなる強襲部隊を2カ所の上陸地点に運ぶ。船団が披山島に近づくと、ジャンク船が先頭の護衛部隊を追い越して歩兵部隊をすばやく降ろす。

1950年7月11日、船団は出航し、その日の夜遅くに披山島の北、約10海里のところにある石塘に着いた。船を給油する間、部隊は計画を確認。そして、披山島に向かい、12日早朝に島に近づく頃、波の高さがちょうど上陸に適した状況となった。しかし、国民党軍の砲艦「新宝順」が共産党軍の接近を察知し、砲撃を開始した。計画通りに先頭の護衛部隊は敵の哨戒艇を包囲して、脆弱なジャンク船を隠した。護衛部隊やジャンク船よりはるかに大きい「新宝順」はしぶとい抵抗を見せた。敵を追い払うことができなかったため、共産党軍の砲艦は「新宝順」の後方に突っ込んで船を沈めた。危険に敏感になっていた披山島の国民党軍守備隊は距離を縮めてくる砲艦を攻撃、対する護衛部隊も敵軍からの攻撃を抑えるために島に向かって砲撃した。その間、多くの共産党軍兵は水に飛び込んで泳いで上陸した。2つの大隊はそれぞれ上陸拠点を占拠し、敵を包囲し、逃げ道を断つように展開した。30分の激しい戦闘の後、共産党軍は島をほぼ支配した。[*8]

もう一つのバージョンは、突撃のタイミングは同じだが、敵との遭遇に関する説明が異なる。このバージョンによると、1隻の砲艦と2隻の水陸両用突撃艇、そして兵員が乗船していない空のジャンク船30隻からなる部隊が大陳島に向かうフリをして国民党軍を混乱させ、現場に張り付かせた。その間に4隻の砲艦と2隻の水陸両用艇、2個大隊を乗せたジャンク船30隻が披山島に向かった。[*9] 7月12日未明、船団は島に近づき、上陸作戦を開始した。国民党軍は完全に不意打ちされ、共産党軍の戦略は功を奏した。共産党軍が来襲した時、船の上や陸にいた多くの守備隊はまだ寝ていたらしい。

ジャンク船が攻撃部隊を上陸させる頃、砲艦は島の近くに停泊していた4隻の国民党軍の軍艦――かつて日本帝国軍が軍用に改造した漁船――に近づいた。25トン級の艦が大型銃で武装した150トン級の国民党軍艦に忍び寄った。サイズと火力で大きな非対称性があるにもかかわらず、共産党軍は奇襲をうまく利用し、至近距離から無防備な国民党軍に砲撃することができた。混乱の中で、国民党軍側は自分たちよりも大きく、より力のある部隊に直面していると信じ、逃げ惑った。

2隻は共産党軍の追跡からなんとか逃れたが、ほかの2隻は戦闘に巻き込まれてしまった。ある接近戦では、共産党軍が「精忠1号」の指揮官を殺害し、敵艦に乗り込んで降伏させた。別の熾烈《しれつ》な交戦では、1隻の共産党艦艇と「新宝順」が15メートル以内で相互に小銃で撃ち合った。戦闘が続く間に別の共産党軍の砲艦が敵艦に突っ込んだ。艦首が船体後部を破壊し、浸水を引き起こした。そこで共産党軍は「新宝順」の艦上に爆発物や手榴弾を投げ込み、深刻なダメージを与え、最終的に沈没させた。ある研究は、この小衝突を「勝利を勝ち取るために型破りな方法を用いた（以寄取勝）」と表現した。*10

早朝までに海上と沿岸での戦闘は終わったが、干潮のためすべてのジャンク船が披山の海岸で足止めされてしまった。ほかの国民党軍が支配する島に近く、海上交通もあることから、披山の部隊と護衛は潮位が戻るのを待つ間、敵の逆襲を想定して警戒態勢をとった。しかし、反撃が来ることはなかった。午後にやっと満潮になったことから、共産党軍はすばやく兵員と国民党軍の捕虜と物資を船に乗せ、本土へ戻った。襲撃は大成功だった。この戦いで、共産党軍は砲艦1隻を撃沈、戦闘艦1隻と小型船を捕獲し、50人以上を殺害または重傷を負わせ、60人ほどの将校と兵員を捕虜とした。また、披山島に上陸した歩兵隊は100人以上の敵を殺害し、島の警備隊指揮官を含む480人を捕らえた。

陸上インフラ整備

夏の作戦が展開される中、朝鮮戦争の勃発と、中国と台湾の間に第7艦隊を介在させるというトルーマン政権の決定を含む米国の介入は、中国沿岸部の緊張を著しく高めた。山東省の青島から福建省の廈門にいたる中国東部の戦略的海域は、共産党軍に敵対する米軍と国民党軍に対して潜在的に脆弱だった。張愛萍は調査委員会に諮《はか》った後、「沿岸地帯を越える敵を阻止する（阻敵于海岸前沿陸地之外）」との防衛態勢を提唱した。[*11] 共産党軍が中国本土で二度と敵軍に遭遇しないために、敵が中国沿岸にたどり着く前に阻止する計画である。計画実施のために張が構想したのは、海軍基地と空軍基地、沿岸要塞と沿岸砲台、高速魚雷艇とそのほかの戦闘艇からなる態勢を整え、限定的な海上作戦を実施し、陸軍の海側を守り、地上軍と積極的に協力することだった。

まず張は、舟山と福州に大規模な海軍基地を建てる了承を華東軍区から取り付けた。また、地元の漁民と海上物流を保護するため、呉淞口、舟山、台州、温州に砲艦を中心として沿岸防衛部隊と沿岸防衛区を設置した。中央軍事委員会から示された厳しい期限の下、張は3カ月で寧波の庄橋《しょうきょう》空軍基地の滑走路を建設した。また、張自身が調査団を率いて沿岸砲台を設置できる場所を調査した。調査団は強襲揚陸艦に乗って杭州湾近くの河口や港、湾、島、浜辺、無人の岩場を訪問した。調査過程で、張のチームとソ連のアドバイザーの間で意見の相違が表面化した。ソ連は第2次大戦の経験のもと、銃使用に特化した塹壕《ざんごう》の設置を主張した。張は特徴のある中国東部の地理的形状はソ連の考えにはそぐわないとして主張を覆した。[12]華東軍海軍は6カ月で14カ所の沿岸砲台を設置した。

2年足らずで、張は新しい海軍の基盤を確立した。彼は、人事から軍需品の状況、戦闘にいたるまでの推移を監督した。しかしながら、激務からのストレスは彼の身体に悪影響を及ぼし、1946年の交通事故による病を悪化させた。張は旧国民党軍海軍代表団を北京に率いた1949年8月、より負担の少ない仕事への異動を申し入れた。1951年2月15日、ようやく要望が聞き入れられ、彼は浙江軍区と第7兵団の司令官となった。翌年には華東軍区海軍参謀長、そして1954年には人民解放軍副参謀長に昇格した。[13]初の海軍司令官としての成功は、明らかに張を将来の指導者ポストに向け、良い立ち位置につけることになった。

中国海軍創設

華東軍区海軍が足場を固める一方、共産党指導部は、頻繁に張愛萍とその副官たちからヒントを得ながら、巣立ったばかりの海軍のために国家機関と地域司令部の設立に動き始めた。張は中国海軍を組織するための国家組織を作ることを繰り返し指導部に懇願していた。高いレベルの国家海軍に対する支持表明の兆候は、1949年9月21日の中国人民政治協商会議で示された。この会議は、共産党主導の下、国家のあり方を議論するために招集された複数政党の会議だ。この会議で毛沢東は「中国人民は立ち上がった!」と題する演説を行い、海軍と空軍を創設しなければならないと明確に述べた。「我々の国防は強化されなければならず、帝国主義が二度と我が領土を侵略することを許してはいけない。英雄的で鋼のように硬い人民解放軍の基礎の上に、我々の人民の軍隊は維持、発展されなければならない。我々は強力な陸軍だけでなく、強力な空軍と海軍も持たなければならない」[*14]

その3ヵ月後、中央軍事委員会は、第4野戦軍第12兵団司令官で、政治委員兼湖南軍区司令官の蕭勁光を海軍司令官とする指示を出した。「長征」経験者の蕭は、海軍に関する訓練も経歴もない根っからの陸軍将校だった。1949年10月、毛が蕭に海軍トップになることを打診した際、蕭は抵抗した。蕭は毛に対し、自分は陸に上がったアヒル(旱鴨子)、つまり金づちで、船酔いしやすいと打ち明けた。ある証言によると、毛は、自分が蕭に頼んでいるのは海軍の指揮をとることであって海軍と一緒に海に出ることではない、と明るく答えたという。[*15]

1950年1月13日、モスクワに滞在していた毛は、中央軍事委員会に正式に蕭を海軍司令官に任命するよう指示した。その2日後、委員会は蕭を新しい役職に昇格し、大連海軍学校と華東軍区海軍司令部、そしてすべての中国全土の人員と艦船を蕭の指揮下に置く命令を出した。[*16] それまで華東海軍は陸軍華東軍区所属だったのだ。この決定の一因には、毛が海軍の代表を含むソ連指導者と行った協議と交渉の影響もあった。[*17] というのも、蕭は1920年代、ソ連・レニングラードのトルマチョフ軍事政治学校で3年間学んでいたからだ。その蕭は、湖南での残務処理を終えて、2月中旬に北京入りし、新たなポストに着任した。湖南軍区を拠点にする後方支援部門の一部の兵員が蕭の後を追って北京入りし、海軍の人員を補充したことで、計2000人の人員が首都に到着した。

政治指導者たちがそれほど具体的なことを決めず、蕭に海軍の将来の方向性を決定する責務を負わせていたことは明らかだった。早速、新司令官は海軍の性格そのものに関する基本的な疑問に直面した。海軍は戦略を決める機関なのか。単に中央軍事委員会または人民解放軍の総参謀本部内の管理部門なのか。言い換えれば、独立した機関なのか、陸軍の戦闘部門なのか。海軍機関の拠点をどこにするのか。北京に司令部を置くべきか、または海の近くか、それとも天津や青島のような軍港の近くか。

こうした根本的な問題をめぐってかなりの議論があった。当初、中央軍事委員会と総参謀本部内では、海軍は総参謀本部の管理下にあるべきとの見方が大勢だった。蕭と部下は、米ソ両海軍の機構構造に関する最新の情報を検証し広範な調査を行った。[*18] 調査の結果、蕭は、海軍は独立機関でなくてはならず、政治の中心である北京に本部を置かなくてはならないと結論づけた。蕭は、すべての大国は独立した海軍の本部を首都の近くに置いているると説明した。さまざまな海洋権益を持つ大国として、中国もほかの主要な海洋国家にならわなければならない、と。海軍は多くの任務を遂行しなければならず、武器のニーズも多く、外交や交通、漁業、科学を含むほかの多くの国家的優先課題と関係していた。[19]海軍は多くの機関とやりとりするためにも北京を本部とせざるを得なかったのだ。蕭は明快に中国の海軍力について長期的な視野を持っていたのだ。

部下との広範にわたる話し合いの後、蕭は参謀本部参謀長代理の聶栄臻《じょうえいしん》に会って自分の役割について説明した。その内容を聶はモスクワにいた毛沢東に直接報告した。毛は蕭の判断に同意した。ソ連から帰国した毛は3月に蕭に会い、北京に本部を置く独立機関として海軍の設立を承認した。

4月中旬、人民解放軍海軍司令部は正式に任務を開始した。[20] この節目を記念して、蕭は部下のために就任会議を開いた。会議で蕭は、新たな組織のビジョンを2時間にわたって伝えた。彼は1949年8月に毛沢東が訪問した元国民党軍幹部に捧げた碑文（第3章参照）を引用しながら海軍建設の指針を説明した。「我々は海軍を建設しなければならない。この海軍は、我が国の海岸を守り、帝国主義の侵略から効果的に防御せねばならない」。毛の訓示を朗読した後、蕭は海軍の目的と使命を次のように説明した。人民解放軍海軍の第一目的は沿岸防衛である。人民解放軍の長年にわたる積極防衛のドクトリンに基づき、中国海軍は戦略的防衛目標を達成し、これら目的達成のために攻撃的な作戦と戦術を実施する。[*21]

海軍は中国の優れた地理的状況を最大限活用して物質的弱点を補う、と蕭は続けた。彼は中国本土を空母に見立てて、海軍が近海の出来事に力を投射して影響を及ぼすことができるとした。[*22] 中国の沿岸砲台は軍艦の主砲のようなもので、海上の脅威から祖国を守るための主要な武器だった。そのため、蕭は、海軍建設は規模と野心の面でささやかなものになると考えた。大型の戦闘艦艇の必要性はほぼなかった。むしろ、海軍は海岸線近くで活動することになる魚雷艇や掃海艇を含む小型船艇を建造することになるだろう、と読んでいた。また、この軽量で機敏な部隊をサポートするための海軍基地を造る必要があった。

そこで、蕭は海軍にとって当面の優先課題を挙げた。第一に、海軍の基地インフラを確立し、陸海合同の水陸両用作戦をサポートする能力構築の必要性。第二に、中国海軍として、人民解放軍の優れた伝統を取り入れながら海軍思考を育てることとの必要性。海軍は国民党軍や共産党軍の元幹部に、共に新しい任務を受け入れるよう促す必要があった。[*23] 第三は、海軍は将兵の知識基盤の向上と技術的練度を高めるために教育・訓練機関の立ち上げが必要だった。[*24] これら3つの課題に、蕭は注意とエネルギーをこの先何年も費やすことになる。

人員構成についていえば、人民解放軍海軍は陸軍主体の組織だった。蕭の指揮下にあった第12軍に加え、第2、第3、第4の野戦軍が部隊を移籍させて海軍の兵員を満たした。1950年から1955年にかけて、5個の兵団レベルの部隊と、11個の師団レベル部隊、そして28個の軍レベルの部隊が海軍に編入された。多くの部隊が名高い遼瀋作戦、平津作戦、済南作戦、上海作戦、海南作戦に参加していた。中央軍事委員会は人選にあたって、若くて高学歴で国際感覚のある参謀や幹部を重視した。1955年末までには、18万8000人の海軍人員のうち約60％が陸軍出身者だった。それ以外は空軍や民間からの知識分子、元国民党海軍幹部からの移籍者という顔ぶれだった。[*25]

制度上、海軍は手本になるものも経験もなかった。その結果、陸軍の組織構造を真似ることになった。蕭によると、もともとは一時的な措置だった。[*26] 人民解放軍海軍の4大指導部は、司令部、政治部、後勤部、衛生部だった。それぞれの主な機能は以下の通り。

- 司令部：総務、作戦、インテリジェンス、通信、訓練
- 政治部：組織、プロパガンダ（宣伝）、作戦保全、文化、若者
- 後勤部：財務、需品、輸送、兵舎、機械、エンジニアリング
- 衛生部：医療管理、教育、警備、補給

ソ連にならって、海軍はのちに政治部と同等の位置になる参謀部を加えた。海軍の外国支援への依存を反映して、海軍が発足するとすぐにソ連の顧問たちが、事実上すべての部、部隊、学校、全ての指揮レベルに配属された。[*27] 海軍指導層はソ連への依存を「招請（請進来）」アプローチと表現した。1949年10月、人民解放軍海軍が正式に創設される半年前、第1陣となる90人の顧問が到着した。第2陣は1950年12月に621人が加わった。[*28] それから10年にわたって、ソ連の存在感は海軍全体で感じられることになる。1949年と1960年の間で、3400人近いコンサルタントや専門家が最高指揮官レベルから海軍学校までのあらゆる海軍組織に関わっていた。

運用上、蕭の指揮下には、戦闘のためのリソースと部隊はほとんどなかった。当時、華東海軍だけが活動と部隊運用を監督し、人民解放軍海軍に直接報告していた。蕭が嘆くとおり、彼は「手ぶら（両手空空）」の司令官だった。[*29] 1950年、初歩的な地域海軍組織が南部の広州、北部の青島で確立されつつあった。これらの地方司令部も華東海軍にならって、既存の陸軍組織から人員を補充していた。

広州では、1949年12月に共産党が洪学智《こうがくち》のもと、広東軍区江防司令部を設立した。人員は第4野戦軍第15兵団から引き抜いた。部隊は、第44軍と第58軍の173師団、第4野戦軍の補給、訓練、砲兵部隊から移された。蕭は、司令部の沿岸作戦を海軍計画と密接に結びつけてみていた。海南侵攻の前夜（第6章参照）、蕭は海軍の大計画における海南作戦の位置付けを説明する手紙を書いた。

広東軍区江防司令部は組織化し始めたばかりで力不足であるが、体制を整え、現存する基盤を刷新することで南海艦隊の核になることができる。それが迫る海南解放作戦となるか否か、または将来の南海艦隊の発展なのか否か、いずれにせよ大きな役割を担うことになるだろう。このように、現在の重要な任務は、海南作戦に総力を結集して参戦することだ。[*30]

江防司令部はその後、1950年夏の万山作戦（第6章参照）を監督し、同年12月に第4野戦軍が立ち上げる中南軍区海軍の核となった。

北部では、華東軍区海軍は当初、第12兵団の一部と第4野戦後勤部が運営していた青島軍港を監督していた。軍区司令部と青島の物理的な距離によって管理上の困難が生じたため、中央軍事委員会と人民解放軍海軍司令部が軍港の指揮を直接取ることになった。1950年9月には第2野戦軍第11軍が司令部とそのほかの部門から、6200人ほどの人員を青島に移籍した。[*31]華東軍区海軍、中南軍区海軍、青島基地はそれぞれが東海艦隊

（1955年創設）、南海艦隊（同年創設）、北海艦隊（1960年創設）の前身組織となる。換言すれば、今日の人民解放軍の作戦艦隊を定義する地域海軍司令部は、共産党の内戦勝利に貢献した野戦軍に直接さかのぼることができる。

知識層の支持

張愛萍と同様に蕭勁光は深刻な人材不足に直面していることを認識し、またもや張のようにかつての敵に支援を求めることになった。新しい任務に着くとすぐに、蕭は張が元国民党海軍幹部からなる研究委員会を作っていたことを知った。張のアプローチに蕭も賛同し、4月に華東軍区海軍の研究委員会から、委員長の曽以鼎中将を含む12人のメンバーを北京に異動させた。これらの将官は海軍独自の研究委員会の中核となる者たちで、海軍の党委員会や海軍本部に助言するとともに、意思決定過程に直接参画することになる。[*32]

蕭は、国内に散らばる多くの元国民党海軍員が国民党からの報復を恐れていることを曽から聞いた。張のやったことにならって、蕭も元国民党軍の人々に登録してもらい、再び任務に就かせるための全国的な活動を始め、最も重要な技能と知識を持った新規登録者を選んで自分の研究委員会に入れた。委員会には、すでにソ連のアドバイザーが大勢いたことから、「第二顧問団」のあだ名が付けられた。元国民党軍将校らが米国やほかの西側の海軍事情に詳しかったことから、委員会は米海軍と西側の海軍動向に関する重要な情報源として台頭した。グループは朝鮮戦争時の米海軍の配置について適宜助言し、米海軍兵学校のカリキュラムを含め西側の教材や作戦史を翻訳した。[*33]

共産党指導部は、教育が海軍の知的資本のもう一つの重要な源泉であることを認識していた。蕭が海軍司令官になる数ヵ月前、中央軍事委員会は将来世代の海軍指導者を教育するための基盤構築に着手していた。１９４９年5月、委員会は鴨緑江の河口に近い遼寧省に安東海軍学校を設立した。巡洋艦「重慶」で反乱を起こした５５０人が政治教育を受けるために送られた。思想の洗脳教育は海軍教育と訓練より優先された。校長には「重慶」の元艦長、鄧兆祥《とうちょうしょう》が登用された。「重慶」の将校と乗員は、新しい共産党という雇い主に仕えるため、人民解放軍の優れた伝統を教え込まれた。[*34]

１９４９年夏、中央軍事委員会は、安東海軍学校副校長の張学思《ちょうがくし》をソ連視察団の団長として派遣した。視察は、中国からの訪問者がソ連軍の教育システムを学ぶこととロシア人顧問をリクルートするためのものだった。視察団はソ連の海軍カリキュラムを理解するため、モスクワとレニングラードのあらゆる海軍施設を訪問した。9月初めにソ連側と合意を結んで、視察団は帰国した。[*35] 11月下旬、中央軍事委員会は大連海軍学校創設の提案を承認し、蕭を校長と政治委員に任命した。蕭が正式に海軍司令官に就任する2ヵ月以上も前のことだった。[*36]

安東海軍学校にいた470人近くの元国民党軍人が大連に移籍し、そのうち15人は教官に任命された。1949年12月にはソ連の顧問84人が到着し、教官に加わった。安東から引き抜かれた元国民党軍人は海軍学校の生徒に指導を行うかたわら、ソ連の顧問が教える授業を受けた。[*37]同時に、蕭の部下は学問的に優秀な人材を取り込むために大規模な採用活動を始めた。北京大学や清華大学を含む多くの一流校の教授が教官を引き受けてくれた。米コロラド州立大学で学んだ2人を含む海外の大学院を修了した帰国者も採用された。[*38]約100人の教官と職員を擁する大連海軍学校は、人民解放軍海軍司令部が正式に設立される2カ月前の1950年2月に開校した。

蕭勁光は4月に学校を視察し、訪問時に行った演説で自身の構想を説明した。彼は学校の目的と使命を定義する5つの分野を挙げた。学校は海軍に関する学びの中心であるよう努力しなければならない。政治的忠誠心と技術的専門知識のバランスをとらなければならない。前者が優先されたものの後者は不可欠だった。学校はソ連の専門家やコンサルタントを配置し、ソ連海軍の経験から学ばなければならなかった。しかし、人民解放軍の優れた伝統をカリキュラムに取り入れる必要もあった。最後に、学校は中国のシーパワー探求に対する使命感を養いながら、厳格に綱紀粛正を徹底した。[*39]その後、蕭は海軍航空学校、海軍砲術学校、魚雷艇学校を青島に設立し、張愛萍の華東海軍が南京に設立した学校を拡張することになる。

1950年8月の海軍建軍会議

1950年6月25日に朝鮮戦争が勃発し、紛争が拡大・激化する懸念が高まった。中国共産党指導部は、生起しうる海からの脅威に対し、海軍が中国の安全保障の強化と国家の沿岸防衛強化にどのような役割を果たすのか知りたがっていた。6月30日、周恩来首相は蕭に会い、中国共産党の状況に関する見解を共有した。周は指導部に事態を静観するよう伝えた。台湾攻撃の計画は延期されるが、海軍増強は続ける。首相は忍耐を求めた。50万人の兵を台湾に派遣するためには数十万トンの輸送力が必要であり、その準備には確実に時間がかかると強調した。*40 周はまた、海軍は台湾解放の準備と海軍の長期的な成長のための投資とのバランスをとる必要があると強く主張した。両首脳は海軍が3年間の増強計画を策定することで合意した。

7月中旬、人民解放軍司令官の朱徳は蕭に手紙を書き、海軍建設に関する自分の意見を伝えた。書状の中で朱はインフラや沿岸施設に注目した。蕭に造船所と航空機メーカー、燃料貯蔵庫、石油パイプライン、そして沿岸防衛のネットワークの整備を求めた。周に同調して朱は、PLANは台湾侵攻計画で消費されるべきでなく、海軍の長期的な発展のために投資すべきだと進言した。[*41]

周と朱の戦略的指導に基づき、蕭勁光は海軍の将来計画を策定するため、23人の海軍指導者を集めて重要会議を招集した。[*42] 暫定的な党委員会の書記である蕭によって、海軍の将来をめぐり利害関係者が一堂に会することになった。出席者は、副司令官、副政治委員、参謀長、海軍の全部署のトップ、学校長、華東海軍代表者を含んでいた。画期的な集会は8月10日から20日間続き、海軍の方向性のほか、物品などの状況や人員を含む海軍が直面する喫緊の課題を取り上げた。特筆すべきは、華東海軍のあらゆる部隊のメンバーが指導層に進捗状況を詳細に報告したことだった。[*43] 出席者たちも、前年の張愛萍の経験から学び、自分たちの決断に役立てようとしていた。

人事管理に関しては、海軍指導部は技術的なスキルとプロフェッショナリズムの重要性を認識する一方で、政治的な信頼性を重視した。そして、出席者たちは将校と乗員を指導する海軍の政策となる組織原則に合意した。海軍は人民解放軍が尊重する共産主義における階級としくみの起源を見失わないとし、陸軍は組織的な基礎であるものの、労働者と農民が組織の「バックボーン（骨干）」であり続けることを確認した。[*44] また、海軍は、若い革命的青年知識分子を吸収するなど、新しい血を取り入れる努力を続けると共に、華東軍区海軍が元国民党軍の人間を「努力、団結、教育、改革」することも続けるとした。[*45]こうした合意の背景には、異分子を海軍に入れると不協和音が共産党幹部内に生じるという明確な認識があった。そして、海軍は党・軍システムにおけるイデオロギーの正当性を守らなくてはならなかったこともあり、新しいメンバーは厳格に中国共産党の「指導思想」を順守しなければならない。このような指示は明らかに、元国民党幹部や兵員を組織に引き入れる際の張愛萍自身の苦闘を反映していた。

会議ではあることが争点になった。ソ連からの援助の役割だ。1949年6月に毛沢東が「一辺倒」とソ連寄りを宣言したことは、PLANが技術・物資の主要な供給をソ連海軍に依存することを決定づけた。蕭にすれば、イデオロギー的な近さと、技術やノウハウへのアクセスからも、ソ連海軍は論理的、政治的に正しいパートナーだった。ソ連海軍は優れた海軍の伝統と、中国よりも長い海軍建設の歴史を誇っていた。さらにソ連は、共通の敵である西側帝国のシーパワーへの対応で経験値を積んでいた。[*46]蕭が回顧録で述べているとおり、「特にゼロから始まった我々の海軍にとって、自分たちの経験に頼って、自分たちで手探りするのは良いことではなかった。深く学び、他者が先行した経験を取り入れることによってのみ、我々は近代的で伝統的な性質を持つ強力な海軍を迅速につくることができる」。[*47]

それでも、PLANがどの程度ソ連から借りを作るべきかをめぐる議論は彼の部下を分断した。元国民党軍の将校たちは、西側の海軍の方がソ連海軍よりはるかに優れていることから、中国海軍が見習うにはより良い手本だと主張した。彼らにすれば、西側、とりわけ英国と米国の技術へのアクセスを途絶えさせてはいけなかった。彼らが提案したモットーは、「政治の上ではソ連に学び、技術の上では英米に学ぶ」だった。一方、人民の戦争に対する教条主義的な信奉者もいる陸軍の幹部は、外国勢よりも自分たちの内戦の経験から学ぶことの方が多いと反論した。彼らは、ソ連が長い革命闘争でほとんど支援してくれなかったと感じており、ソ連を真似ることに強く憤っていた。

最終的に、会議出席者たちは中国海軍がどこまで他国を頼るかについての指導原則に合意した。第一の原則は、PLANに対し、「主導権を手中にし続けること（以我為主）」を強く主張するよう求めた。中国海軍は盲目的にソ連のすべてのことを採用しない。中国固有の現地事情にそぐわないソ連のやり方は選択的に拒否する。PLANは限られた技術的、軍事的見識や利益をソ連から吸収する。しかし、海軍は指導体制、中国共産党への絶対的忠誠心、中核的な組織的理念、戦略・戦術思考、優れた伝統と作戦スタイルをめぐる独自の規範と信念を堅持することが不可欠だとした。第二の原則は、実利主義だ。PLANがソ連に依存していても西側の海軍を注視し、彼らの経験を参考にする。イデオロギー的、地政学的な敵国からでも、学べる有益な教訓を独善的に拒否しない。会議出席者たちは、中国海軍は「敵を研究し、自らを向上する（也要研究敵、改進自己）」必要があると強く主張した。[*48]

転機となる会議はまた、中国海軍の兵力構成に永続的な影響を与えた。会議はＰＬＡＮが５種の兵種部隊――①水上艦艇部隊②潜水艦部隊③海軍航空兵部隊④沿岸砲兵部隊⑤海軍陸戦隊――から構成されることを決定した。海軍は主に沿岸作戦を担い、単独、あるいは陸軍と共同で上陸や対侵攻作戦を行う。平時と戦時の任務は、シーレーン防衛と対封鎖作戦、漁民保護、海上での敵によるいやがらせに対する攻撃、敵の港湾封鎖、機雷掃海と機雷敷設、海軍施設防衛を含む。[*49]そのほとんどの任務は沿岸部での任務だった。

ＰＬＡＮの兵力構成、構造、任務は、蕭が早くから海戦の特質を理解し、中国が海でどう戦うかを考えていたことを反映している。彼は会議で、「現代の海戦は必然的に三次元の戦争であり、一種の複合戦である。我々は、波より高い航空機、海面に浮かぶ軍艦、深海の潜水艦、沿岸の大砲を使って、統合力の相乗効果を生み出さなくてはならない。戦争でこれらの能力が一つでも欠ければ大惨事になりかねない」と宣言した。[*50]

中国を巨大な空母になぞらえた蕭のたとえは適切だった。大砲や航空機といった陸上戦力は、本土から力を投射し、水上艦船や潜水艦と連携して中国の長い海岸線での動きに対応するのだ。
会議はさらに、国家の惨憺たる経済、工業、技術が海軍の野心と選択肢を限定的にしているとの認識で一致した。もっと言えば、PLANは明確に西側の近代的な海軍と対等に渡り合うことはできなかった。身近な国民党からの危険が海軍の近代化を支配したからだ。蕭はPLAN司令部創設の式典でも、彼の展望を繰り返し述べた。その主張は、中国に必要なのは、沿岸作戦と海軍の厳しい財政事情に適した比較的小さく、機敏な部隊であるということだった。蕭は会議で、「長期的な発展に向けて現状から脱却するために、我々は近代的で攻撃的な性質の軽装備の海上戦力を構築する。我々はまず、現在の能力を整理し発展させる必要があり、それらの能力をもとに、魚雷艇や潜水艦、海軍航空を発展させ、徐々に強力な国家海軍を作る必要がある」と主張した。[*51]
PLANは華東海軍の例にならって、手持ちのものでやりくりしながら、中国の状況に適した海軍力を徐々に構築していくということである。蕭は、財政的、技術的に状況が許す時に備えて、小型水上艦艇と潜水艦、陸上航空機を優先し、これらをより野心的な海軍力を建設する際の基礎とすることにした。蕭の指示は、後に「空、潜、快」と呼ばれ、「海軍航空、潜水艦、高速突撃艇」の中国語の略語を意味する。これは今後20年間のPLANの発展を方向づけるものとなった。

海上防衛のための陸上航空機を取得するという決定は物議を醸した。海軍が独自の航空部隊を持つことには議論があり、計画に反対する幹部もいた。彼らは、海での戦闘なら人民解放軍空軍以上に適切な存在はなく、海軍の航空部隊は独立した航空任務との重複になると強く主張した。ほかの幹部は、国民党は航空部隊を持っていなかったが、見習うには良いモデルになると頑固に主張した。[*52] しかし、海軍指導層は反対を押し切った。蕭と部下は、有機的な防空力を持たない中国海軍の水上戦闘艦艇には空からの援護が必要だと確信していた。そうでなければ、PLANの軍艦は敵の航空部隊に極めて脆弱となる。さらに、中国海軍は、軍部間の緊密連携を必要とする中で空軍からの確実な支援に期待できなかった。このように海軍航空部隊は最初から増強計画の重要な構成要素だったのだ。

その一方で、中国海軍は、海軍を悩ませ、至急の注意を要する深刻な物資不足に対応しなくてはならなかった。独自の工廠の建設には時間がかかることから、華東海軍がその場しのぎで完全ではない海軍の艦船を造ったようにPLANも方法を考えださなければならなかった。会議の出席者たちは、海軍が華東海軍のイニシアチブを継続するためにも、損壊した元国民党軍艦船の修理や漁船・商船に武器装備する改良のほか、裏ルートで香港から外国船舶を確保することで一致した。

最も重要なのは、蕭と彼の同僚たちは、ソ連への支援要請を盛り込んだ海軍建設3ヵ年計画の草案を書き終えていたことだ。会議は、具体的な能力や想定される海軍拡張のコストについて時間をかけて議論・検討した。文書には、艦隊、航空師団、沿岸砲兵隊の予想数のほか、自国生産・改良または海外調達される艦船、航空機、沿岸砲の数が示され、海軍基地、沿岸守備師団、地方巡視防衛司令部を支援するために建設の必要がある港や貯蔵施設、飛行場、準備地の種類と数が特定され、次世代の海軍幹部を育成するさまざまな海軍学校や訓練プログラムの開発が明記された。[*53]

海軍建設を支援するため、毛沢東は1950年10月、ソ連からさらに武器を購入することでヨシフ・スターリンと書簡を交わした。毛の要求には、駆逐艦12隻、フリゲート艦18隻、小型潜水艦2隻、駆潜艦42隻、駆潜・哨戒艇28隻、掃海艇30隻、魚雷艇100隻、装甲艇56隻、雷撃機108機、輸送機10機、砲兵隊9個分の沿岸砲兵が含まれていた。[*54]

会議後、蕭は提案の了承を得るために毛沢東と周恩来に草案を届けた。[*55] しかし、朝鮮戦争の勃発と、朝鮮戦争に介入するとの毛沢東の決定によって計画は頓挫した。10月下旬、周恩来と聶栄臻は、海軍建設計画と予定されていたソ連への武器発注をめぐって蕭と部下に会った。周は突貫工事で航空力計画は何よりも優先されるべきだと説明した。というのも、ソ連が朝鮮戦争で中国を支援するために空軍を派遣することを拒否したため、中国共産党は半島にいる中国軍が空からの援護を切望すると見込んでいたからだ。そして、周は悪い知らせを持ち出した。海軍は計画とそれに対する期待を大幅に縮小せざるを得なかった。例えば、空軍へのリソース確保のため、海軍は独自の航空部隊と海軍学校の創設を遅らせなければならなくなった。周は慰めとして、海軍司令部内の海軍航空局設置と魚雷艇訓練学校の創設を承認した。[*56]

最終的に周は、検討のために計画案をソ連海軍に提出するよう蕭に進言した。協議プロセスを加速するためにも周総理は、ソ連の海軍指導部とさらに議論するためのたき台として、自身のモスクワ訪問に同行して計画案を持参するよう伝えた。[*57] 蕭の反応と計画後退についての受け止めは公式な記録に残されていない。しかし、蕭は傷ついたに違いない。屈辱でないにしても、中国海軍の将来についてソ連の承諾を得にいくことが落胆と挫折につながったことは容易に想像できる。先述したとおり、毛沢東は、海軍3カ年計画を達成するためにソ連から必要な艦艇や航空機や物資の概要をスターリンに直接手紙を出していた。だが、そのメッセージさえ朝鮮半島での出来事によって打ち消されてしまった。[*58] 朝鮮戦争は、1949年4月以来の共産党の海で絶え間なく続いた戦闘と、PLANの将来に向けた大急ぎの準備を突然停止させたのだった。

蕭勁光の初期の貢献

中国共産党員としての信任が中国人民解放軍海軍の司令官として重要な資格であったことに間違いはないが、蕭は中国共産党に忠実なだけの党幹部ではなかった。毛沢東が目をつけたのも、蕭が政治的洞察力と人民解放軍のルーツと作戦スタイルを深く理解していたからだろう。蕭は、海軍を陸軍に従属させるという組織的傾向を克服し、海軍を中国共産党の独立した戦略部門として確立するよう毛を説得した。蕭は必要に迫られてソ連の支援を受け入れる一方、人民解放軍の核心となる信念と規範と共に、元国民党軍の専門知識と経験が海軍の将来に貢献することを認識していた。彼は視野狭窄《きょうさく》なイデオロギー信奉者ではなかった。張愛萍のように、蕭は人民解放軍海軍の成功は人的資本が中心であることを理解し、教育と訓練の基礎を築いた。彼はまた、中国の物理的、財政的、地政学的状況と、ＰＬＡの戦略的伝統にあわせた教義観を打ち立てた。彼の決断は永続的にＰＬＡＮに影響を及ぼし、いまでもその一部を目にすることができる。

第5章　廈門、金門島、舟山作戦

第3野戦軍のオフショア作戦は1949年夏に本格化した。葉飛率いる第10兵団は主要な島嶼奪取作戦を初めて試み、浙江、福建沿岸の島々を占領していった。第6章に記録しているように、この兵団の初期の体験が第4野戦軍の戦略と作戦立案に反映されることになる。第3野戦軍の海上戦は成功と失敗を繰り返した。特筆すべきは、金門島での大失敗が人民解放軍（PLA）の戦略と、特に中国の永遠の分断を含む冷戦史の流れに多大な影響を与えたことだ。金門作戦における作戦上・戦略上の意味合いは今日にいたるまで引き継がれている。水陸両用作戦が一つの作戦戦域で似たような地理的環境で行われたと仮定して、その戦闘は勝利と失敗の原因を評価するための実験室を提供する。つまり、一連の作戦は野戦軍の統率力と戦略を査定する機会を与えてくれるのだ。

廈門・金門作戦の前哨戦

揚子江横断作戦の成功と、それに続く南京と上海の陥落はPLAに中国南部への扉を開いた。12万人の国民党軍は福建省まで南下し、さらに6万人が杭州湾口の舟山《しゅうざん》島まで後退すると、第3野戦軍は国民党軍の残存勢力の猛烈な追跡に乗り出した。第10兵団は7月はじめに南部攻略に着手し、8月6日に福州を攻撃した。共産党軍は2週間で福州を押さえ、4万人の敵兵を全滅させた。

福州作戦の最終段階で、第10兵団は第28軍に福建省最大の沖合の島、平潭《へいたん》島への上陸を指示した。部隊は山東省出身で海での戦闘を知らなかったことから、葉は島嶼奪取作戦が部隊にとってこの先の試練に必要な経験を得る機会になると考えた。[*1] 第28軍は福州から(平潭島に)退避した1万人の国民党軍の残党と対峙することになった。作戦に向け、攻撃側は約1カ月半かけて、海を渡るための民間漁船を探し徴用した。[*2]

共産党は、島から島へ渡るようにして近接する島を北部から次々に奪取しながら平潭島に向けて南下した。9月12日の夜、第28軍は最初の目標である小練《しょうれん》島の攻撃に着手し、翌朝、難なく占領した。14日に第10兵団は小練島から大練島への上陸を命じた。平潭攻撃の中継基地となる大練島に第1陣が上陸すると、嵐が島を直撃したため、輸送船による後続部隊の上陸が難しくなった。大練に到着した隊員たちは援軍が到着して守備隊を圧倒するまでの約１日を自分たちで食いつながなければならなかった。[3] 共産党軍の平潭に対する追い込みは奏功し、約６０００人を殺害または捕虜にした。注目すべきは、平潭で地元の反乱軍が第28軍の上陸と島での進軍を支援したことだった。[4] 国民党軍の残党は海路逃げた。成功裡に終わった戦闘は今後の水陸両用作戦に必要な経験を提供したものの、その後、共産党を混乱させることになる兵站と気象面での課題を暗示するものでもあった。

９月25日の福建省漳州《しょうしゅう》における国民党軍の敗北を含め、一連のとんとん拍子の成功によって共産党軍は台湾に面する重要な沿岸線を掌握した。さらに重要なのは、共産党軍は廈門《アモイ》島と金門島という、国民党の砦で台湾への玄関口である要衝の沿岸地帯を掌握するポジションについたことだった。９月26日、葉飛は泉州《せんしゅう》で廈門と金門を占領する計画を議論するための戦略会議を開いた。当初、彼の部下たちは廈門と金門を同時に攻略することで合意していた。これに先立つ数ヵ月間、共産党軍は国民党軍をなりふり構わず倒しており、意気消沈し弱体化した国民党軍の守備隊が攻撃にあえば途端に粉々になることが予想されていた。ただ、ＰＬＡ指揮官たちは島を順番に攻撃すれば、一つの島からもう一つの島へ守備隊の逃走を許してしまうことを懸念した。こうしたことから一挙に敵を一掃することにした。[5]

しかし、野心的な一斉攻撃の計画はすぐに破綻した。船舶の不足が深刻な制約要因となったのだ。第10兵団は第31軍に対し漳州で、第28軍と第29軍には泉州で露営して作戦用の船を集めるよう指示した。泉州では、地元の政党指導部が「供給委員会」を作って船員募集と稼働できる船舶集めでPLAを支えた。[*6] どの部隊もノルマを満たすために苦戦した。というのも、撤退した国民党軍は共産党軍がやってくる前に海に適した漁船のほとんどを押収または破壊していたからだ。

第10兵団も地元の人々の協力を得ることに問題を抱えていた。ほとんどのPLAの将校や兵士は中国のほかの地域から来ていた。その結果、文化的、言語的な障壁が南部の漁民と新たなよそ者との意思疎通を難しくした。[*7] 地元の人々はまた、共産党軍を疑っていたし、自分たちの生活の糧となる船が搾取されることを明らかに恐れていた。彼らは結局のところ、占領軍の新たな従属民だったのだ。

さらに悪いことに、第28軍が悪天候によって平潭作戦で多くの船を失っていた。第28軍と第29軍は同じ地域から船員や船を集めていたので、両軍は乏しい資源をめぐってゼロサムの競争をすることになり、それが不必要な内紛や遅延に発展してしまった。[*8] 状況を詳細に調査した後、共産党軍は部隊を廈門と金門に同時に運ぶのに十分な数の漁船を稼働できないと判断した。それでも10月の前半で第10兵団は、サイズや仕様は様々だが630隻の木造船と約1600人の乗員をなんとか確保した。

ただ、問題だったのは、ほとんどの船が平底の川船で、至近距離の海上横断にさえ適さなかったことだ。第29軍と第31軍は廈門攻略を担ったが、わずか3個連隊の移動が可能な艦艇1隻しか集められず、第28軍にいたっては金門島まで行くのに1個連隊をやっと運べるほどの船舶を集めることができただけだった。[*9] ほかに選択肢がない中で、第10兵団は最初に廈門を攻略し、次に金門を占領することにした。

廈門作戦（1949年10月9～17日）

戦略的な場所に位置する廈門島は中国南東部沿岸の海への玄関口である。廈門は中国の歴史でも重要な位置を占める。鄭成功《ていせいこう》（「国姓爺《こくせんや》」）が1662年に廈門周辺をオランダの台湾統治を終わらせる拠点として使ったからだ。廈門は、第一次アヘン戦争で清と英国が交戦した場であり、「不平等」条約制度の下、自由貿易港となった。また、1938年の日本軍による中国南東部侵攻は廈門と金門から始まった。長年の商業の中枢として栄えた廈門島の中心地の広さは約140平方キロメートル。大陸から三方を囲まれ、大陸と最も近いところでも約1海里（約1・9キロ）ほどしか離れていない。

廈門占領計画には3部の作戦があった。まず、第31軍からの増援部隊が、廈門の南西に位置する鼓浪嶼《ころうしょ》（コロンス島）を攻撃する。これは、主たる前線である北部攻撃から国民

地図 5.1

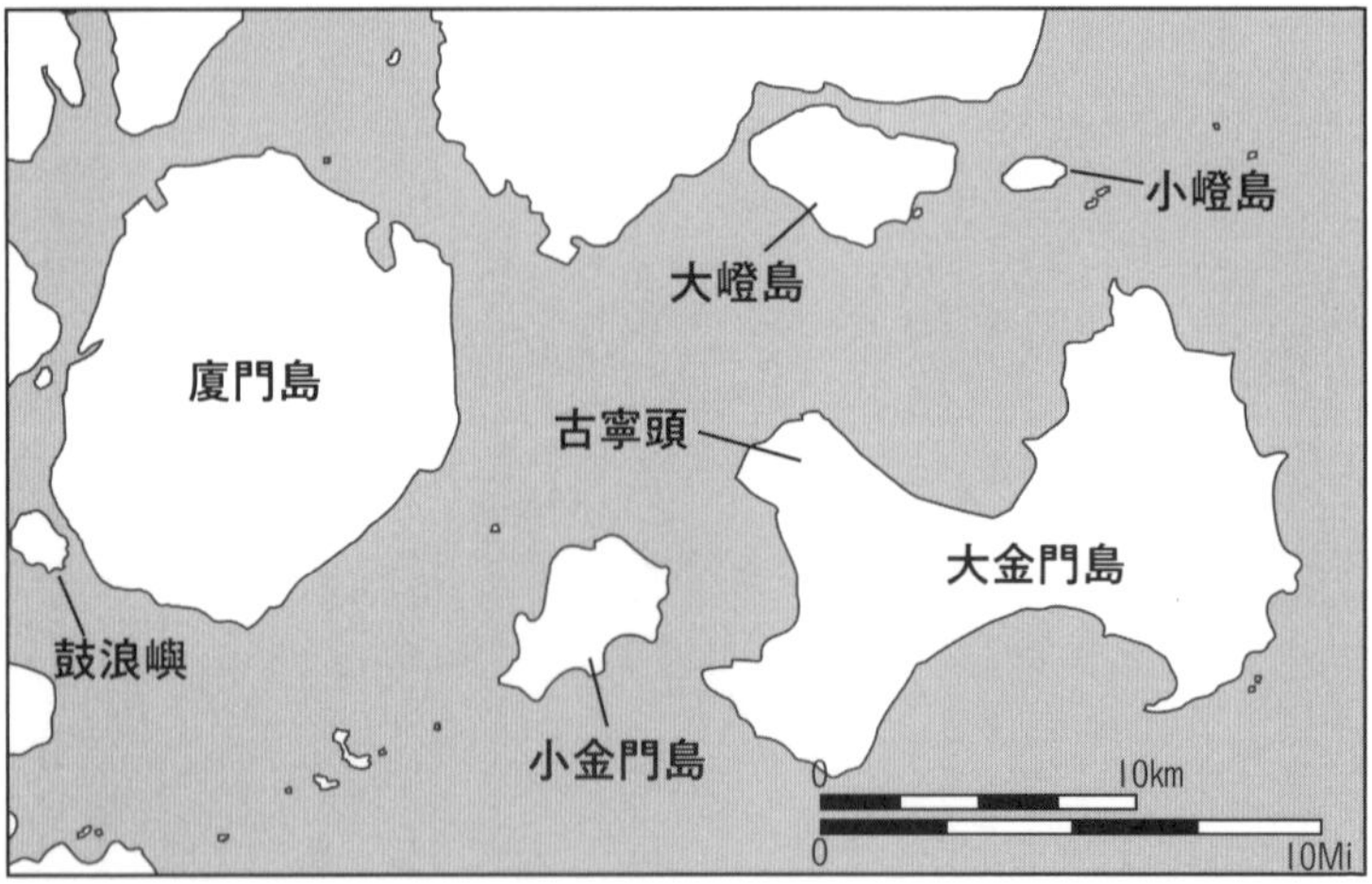

党守備隊の関心を逸らすための陽動だ。そして第28軍と第29軍の一部の部隊は、金門島の北にある大嶝《だいとう》島と小嶝《しょうとう》島を欺瞞のため攻撃することになっていた。こちらの目的は、守備隊の注意を金門島に向けさせて敵を混乱させることだった。国民党軍が廈門と金門の双方が脅威に直面していると騙されることを画策した。国民党軍が急いで南西の鼓浪嶼から金門島北部の大嶝島と小嶝島の防衛に奔走する一方、さらに第29軍と第31軍は廈門北岸に主要攻撃部隊を編成して接近する。[*10]

10月9日の夜、第10兵団は大嶝島と小嶝島の奪取に向けた初動に着手した。共産党軍は、国民党軍が大抵日中にやってくる航空戦力による偵察と妨害を回避するための夜間作戦と、守備隊に対する攻撃を最大化する奇襲を好んだ。主目標の大嶝島は、本土の海岸から約1海里未満の沖合にある西から東に延びた狭い島だ。島と本土を隔てる海は非常に浅い。1日2度の干潮時には水があっても歩いて渡れるほどだ。現地の指揮官たちは、廈門への主作戦ですべての船が使い果たされていることから、自分たちの部隊が船なしで渡れるかどうかに賭けた。無謀ではなかったが、危険な決断だった。第28軍第251連隊と第29軍第259連隊が攻撃の先陣を切った。第259連隊の3個大隊は夕方に潮が最下位まで引くのを待ち、腰の高さまである水の中を歩いて大嶝島の東岸に到達した。各大隊はそこから単独で島の守備隊に向けて前進した。

襲撃を察知した国民党軍は大嶝島の南まで約4海里ある金門島から援軍を海路投入した。やってきた国民党の守備隊がすばやく戦術的バランスをひっくり返す恐れが出てきた。さらに悪いことに、潮の流れが逆になり、本土からの後続部隊が島で身動きできない同胞と海で断絶されてしまった。また、浅瀬と干潟の上を歩いたことで補給の弾薬が濡れて使えなくなってしまったことも連隊の状況を複雑にした。共産党軍は3発入った軽砲1門を携行していただけだった。大隊長は急遽、大隊に小グループに分かれて国民党軍の勢いをそぐために敵陣の奥深くに入るよう命じた。そこで部隊が大規模攻勢を装って、矢継ぎ早に3発の砲弾を発射した。このトリックが効いた。猛攻を想定した国民党軍はパニックになって逃げ出したのだ。共産党軍は前進し、金門島から到着したばかりの敵兵も入れて約1000人の将校と兵士を捕虜にした。[*11] 翌日には第251連隊が守備の手薄だった小嶝島を占領した。

戦術的な遭遇戦は成功したものの、この作戦はPLAの前途に危険が潜んでいることを示唆していた。現地指揮官の機転と巧みな戦略、そして国民党軍の戦意の完全な喪失がなければ、潮の満ち引きと物資補給の取り扱いのまずさで惨事になっていたかもしれなかった。つまり、部隊が自然環境と兵站を考慮する必要があったという第10兵団上層部に対する早期の警告であったはずだ。ところが、第10兵団は警告に留意するどころか、この戦闘を教訓とするために細かく研究することもなく、前進することを選択した。[*12]

小嶝島が陥落した時、共産党軍は所期の目的を達成しただけでなく、国民党軍に金門島が次の攻撃目標だと思わせることに成功し、守備隊は島々の守りを強化することを余儀なくされた。10月15日に共産党軍は新たな騙し討ちを行った。第31軍率いる第273連隊が後に続く水陸両用攻撃を仕掛ける一方、第271連隊と第277連隊が別々に鼓浪嶼南西の海岸に上陸していた。第31軍はかつて揚子江渡河作戦に貢献していたことから、海を渡る上陸作戦に備えていると思われた。ところが、指揮官らは川の状況と海流を混同していた。もっと言えば、揚子江作戦で、第31軍は第2陣として投入された部隊の一部であって、抵抗にあうこともなく川の南岸に上陸したのが実態だった。海上輸送中に敵の砲撃にさらされたこともなかった。さらに状況を悪くしたのは、部隊が中国北部の平原出身で海洋事情に不慣れだったことだった。

午後4時、共産党軍は敵の沿岸防備を破るために砲撃を開始した。しかし、指揮官は砲兵部隊に対し、鼓浪嶼が不平等条約によって開港された条約港だった時代に欧米列強が建設した建造物への攻撃を避けるよう命じた。上層部は歴史的建造物を無傷で残そうとしていたからだ。そのような戦術的な制約のため、砲弾は無害に着弾するか表面上のダメージを与えるにとどまった。一方、集中砲火は島の守備隊に攻撃が迫っていることを警告することになり、攻撃の意外性を潰してしまった。そして、好天だった空がたちまち暗くなった。強い突風が共産党軍の船団の出発を数時間遅らせ、代わりに国民党軍に防衛を強化する時間を与えてしまった。

しばらくしてやっと出撃した攻撃隊だったが、さらなるトラブルが待ち受けていた。輸送船が島に近づくと、突如、風向きが変わり、高潮も重なって船団の陣形は崩れ、船はあちこちに散らばってしまった。壊れた船もあれば、沈んだ船もあった。風で部隊の乗船場所に戻された船もあった。航路を維持できた船は、鼓浪嶼の岸に接近するにつれ、敵艦や陸上の大砲からの激しい砲撃を受けた。さらに多くの船が損壊または沈没した。選ばれた民間の船員は半数以上が負傷あるいは死亡した。[13]

やっとのことで上陸した部隊も浜辺に広がりすぎて相互に援護ができなかった。さらに悪いことに、部隊が着いた場所は、上陸地点に重なるよう、守備隊が敵を殲滅するために設けた待ちぶせの空間――キルゾーン――だった。勇敢な行動にもかかわらず、ほとんどの部隊は浜辺の先に進むことさえできず、第271連隊の7個中隊だけが奥地に移動できた。連隊長と副連隊長は戦死した。第273連隊の3個大隊からなる第2次増援部隊は悪天候のために海を渡ることができなかった。全ての中隊を含めて鼓浪嶼に取り残された隊員たちは弾薬と補給物資を使い果たし、全滅した。大損害によって第31軍は攻撃を中止し、リソースを主攻撃の廈門に向けることを余儀なくされた。暗礁に乗り上げた戦闘だったが、廈門の守備隊を南西に散らすという共産党軍が意図した結果をもたらした。しかし、死者464人、負傷者426人、行方不明411人という大きな犠牲を払うことになった。[14]

廈門北岸に対する攻撃は鼓浪嶼攻撃と同時だった。共産党軍は5個連隊を投じ、第274連隊と第275連隊は廈門沿岸の西部を担当し、第254連隊と第255連隊は中央部の攻撃、第256連隊は東部の占領を担った。10月15日夜、250隻の異なる大きさの船に乗った部隊は、3通りの異なるルートで指定された上陸地点に到着した。[15] 西部正面の作戦は最初からほぼ失敗だった。輸送船は夜陰に紛れて静かに岸に接近したものの、遅まきながら発見したのは、海岸線から1キロほど広がった浅瀬と干潟が島への進入路を取り囲んでいたことだった。タイミングの悪い上陸は引き潮と重なり、船と兵員は足止めされた。部隊が岸に向かって水中を歩けば、膝の高さの泥に足を取られた。[*16] 国民党軍は上陸部隊の失態を見つけ、丸見えで動きの鈍い兵士に容赦ない砲火を浴びせ始めた。それでも共産党軍はどうにか砲火をかわし、上陸部隊は橋頭堡を確保して最初の防衛線を突破した。

中央部の部隊は秘密裏に上陸し、国民党軍部隊を驚かせた。共産党軍が敵に対して正確な砲撃を行ったことで、10月16日の朝までに敵の防御はすぐに崩壊した。第254連隊の1個中隊は不利な状況を覆して作戦目標である空港を占領した。数で勝る国民党軍の度重なる反撃にもかかわらず、共産党軍は持ち堪えた。[*17] 東部地区の部隊は、国民党軍の2個沿岸監視部隊の継目のエリアに上陸した。監視部隊がお互いに相手方の責任エリアだと考えていたため、守備隊は上陸部隊を友軍だと勘違いし、奇襲効果を大きくした。[*18] 第256連隊は橋頭堡を確保して内陸に進んだ。16日正午までに、全5個連隊は10キロにわたる国民党軍の防衛線を突破、増援が途絶えることなく上陸できたことで積極的に進撃した共産党軍は厦門の中央部まで到達した。その日の終わりには防衛線が崩壊し、国民党軍は洋上の救出を求めて南へ逃げることを余儀なくされた。

国民党軍が防御を維持できないことが明らかになると、悪天候のために鼓浪嶼にたどり着けなかった後続隊の第273連隊は17日未明、鼓浪嶼占領のために1個大隊を派遣した。[*19] 国民党軍が攻撃部隊を一掃した15日の時と違い、共産党軍は成功裡に上陸し、重要な島を制圧した。大隊は逃げ遅れた約1000人の敵部隊も捕獲した。その日、廈門で占領されずに残っていた場所も陥落した。4500人の守備隊のうち2000人は殺害され、または負傷し、約2万5000人が捕まった。廈門島に対する作戦はわずか2日で終了した。国民党軍の犠牲になったケースが1件あったものの、陽動作戦は奏功した。戦闘は大敗に見えたが、敗北したのは連勝のうちの1件だった。しかしながら、この成功は金門作戦で第10兵団を苦しめることになる課題を覆い隠してしまった。上陸作戦に不可欠な物資である船舶はすでに不足していたが、戦闘での消耗によってさらに足りなくなった。作戦はまた、共産党軍が過酷なほど予測不能な海の天候と海流、潮流、海岸の地形についても学ぶべき事柄が多いことを露呈した。これらの不足とオフショア戦の経験不足が次の作戦で悲惨な結果を招くこととなる。[*20]

金門作戦（1949年10月24～28日）

国民党軍が支配する金門島は複数の島からなり、最大の大金門島は、廈門島の東約8キロ、中国本土から約8キロに位置する。廈門周辺の海上交通をまたにかける砦の島は、両陣営にとって戦略的価値が高い存在だった。共産党軍は国民党軍が支配する金門島が近い将来の海峡作戦における最大の障害だと認識していた。中国共産党指導部も金門と廈門、そして周辺の地域を台湾侵攻への出発点とみていた。金門占領こそ、毛沢東が蔣介石に勝利し、内戦を決定的に終結させられるかどうかを決定づけていたのだ。金門の地理的強みもこうした状況を引き寄せた。というのも、金門は三方を本土沿いの海岸が取り囲み、南の海岸部だけが台湾海峡の外洋に面している。そして、状況はといえば、廈門陥落を含む直近数ヵ月の敗北と撤退で国民党軍の守備隊はさらに消耗し、士気が低下する一方、PLA司令部は最近の成功に浮かれて、今が決定的な打撃を与えるチャンスだと感じていた。

ただ、前述した通り、廈門作戦とその余波は金門作戦の遂行に直接関係していた。廈門占領を目指した共産党軍はさまざまな戦闘で多大な輸送能力を失っていた。廈門奪還での恐ろしさを味わった後、金門作戦で再度活躍することが期待されていた多くの乗組員が作戦参加を拒否、または船とともに逃げ出してしまった。[*21] 国民党軍も本土の沿岸で外洋船に対する攻撃を続けた。輸送船の調達状況が、共産党軍が金門作戦をどう戦うかを決する要因になった。

当初、第10兵団は第28軍に対し大金門島攻略作戦の編成と指揮を命じ、第31軍には大金門島から西に位置する小金門島奪取の任務を与えた。しかし、第28軍が1個大隊を運ぶだけの船しかないことがわかると、第10兵団は第31軍の作戦を取りやめた。共産党軍は両方の作戦を実施するだけの輸送力が不足していることを認識し、代わりに大金門島に戦力を集中することにした。作戦開始まで何度かの延期の末、共産党軍は約350人の船員と320隻の船を徴用することができた。[*22] 第28軍は3個連隊9000人ほどの兵隊を輸送するのに十分な船を獲得したのだ。ただ、現地のマンパワーと資源の不足は深刻だったため、すべての船員を50キロほど北の泉州や、約200キロ離れた福州からかき集めざるを得なかった。この点も作戦の行方に影響を与えることになる。

共産党軍の情報部は、金門島の国民党軍の守備隊は約2万人規模だと見積もっていた。敵に勝つためには同数の兵力で十分だと判断された。しかし、仮にこの楽観的な見通しが正確だったとしても、第10兵団は一度の輸送で守備隊と対等な数の攻撃部隊を送り込むだけの船を持っていなかった。戦術的均衡を保つのに必要な数の兵力を上陸させるため、PLAの作戦立案者たちは、輸送船の第1陣を金門に上陸させた後、すぐに引き返して対岸で待機する第2陣を迎えに行くことにした。最初の攻撃部隊は後続部隊が到着するまで海岸堡で死守、または自力で敵の守備を超えて進むしかなかった。作戦立案者は一晩で2つの陣営を続けて輸送できると考えていたらしい。しかしながら、回顧的な研究によると、天候が良く、敵軍が海上で対峙していなくても、船舶が片道約9キロを一往復するのに4〜5時間かかったという。[*23] 傲慢とまでは言わなくても、これが共産党軍の慢心の表れだった。

あやふやではあったが、インテリジェンスも国民党軍が金門防衛を増強していることを指摘していた。だが、共産党軍は当時、作戦にいたるまでの数週間に蔣介石総統が断続的な守備隊強化を指示していたことを知らなかった。ある中華人民共和国の研究は、10月24日までに島の守備隊はすでに少なくとも4万人に膨れ上がっていたと指摘している。作戦が根拠にした当初見積もりの2倍になっていた。[*24] ある中華民国の記事には、国民党軍は作戦までに3万人の部隊を駐留させていたと書いている。[*25] 要するに、共産党軍は少なくとも3倍の守備隊が駐留していた島で、敵の存在を大きく過小評価していた。[*26] 誤ったインテリジェンスによって、葉飛は現地の軍事バランスが大きく不利に傾き、攻撃の機会を失いつつある前に、まだ行動できると結論づけてしまった。船艇の不足や逐次攻撃にリスクが伴うにもかかわらず、国民党軍を壊滅しなければならないという強い切迫感があったのだ。

作戦計画は6個連隊を編成することになっていた。主力である第28軍が4個連隊を出し、もう2個連隊を第29軍から引き抜く。2波にわたる攻撃で、各波は第28軍からの2個連隊と第29軍からの1個連隊で構成され、第28軍の第82師団が全体の指揮を執った。第28

軍は守備のために1個師団を福州に置いていかねばならず、1つの軍が別の軍の部隊を指揮するという不自然な分業体制をとらざるを得なかった。[*27] 第1波は島の西側を攻撃し、第2波は東側の部分を攻撃する。第1波で、船団は金門北西部端の上陸地点で3方面からの攻撃を試みる。第244連隊、第251連隊、そして第253連隊はそれぞれ東部、中央部、西部の海岸の担当となった。計画によると、第244連隊は金門島の地形のくびれた中央部を南下し、東西の連携を遮断することになっていた。ほかの2個連隊は市街地の主要部を制圧する。[*28] しかし、重要な最初の上陸作戦で2つの異なる軍の連隊を牽引することは、部隊の指揮統制を複雑にし、多くの不確定要素をはらむことで、すでに複雑化している作戦のリスクをさらに大きくした。[*29]

10月24日の晩、部隊は蓮河《れんが》、大嶝島、そして金門の北にある沃頭《よくとう》に集まり、乗船した。作戦の混乱ぶりを証明するように、連隊長たちは最初の上陸部隊を輸送するのにも十分な船舶がないことに気づいた。複数の小隊と1つの中隊は後回しにされ、後続の攻撃に参加するよう命じられた。[*30] 夜中ごろ、エンジンのない漁船が金門に向けて出航した。大きさも速度もバラバラの漁船からなる船団は隊列を維持することに腐心していた。泉州と福州からの乗員は現地の海洋状況に疎く、海と陸の通信がお粗末だったため、連携はかなり阻害された。船はそれぞれ単独で航行していたが、海流と風向きの突然の変化で船団は乱れた。左側と中央の船団が大幅に進路を外れて、右側の船団と一緒になってしまった。

さらに悪いことに、第２４４連隊が上陸地点に近づくにつれ、奇襲の要素を失ってしまった。[*31] 国民党軍の哨戒部隊が、連隊の上陸エリアそばの海岸で誤って地雷を爆破させてしまったのだ。爆発音を聞いて、海岸線の守備隊がサーチライトを点けると、驚いたことに敵の船団が隠密裏に部隊を上陸させようとしていた。守備隊は即、接近する船を砲撃し、司令部全体に差し迫った侵攻を通報した。この早期発見と最初の遭遇が、その後の共産党軍の犠牲と作戦中断の一因となった。地雷爆発という一つの災難は、失敗とまでは言わないが、東部地区への奇襲効果を薄めてしまった。

闇に紛れて、ほかの2連隊は国民党軍に奇襲をかけ、足場を確保することができた。しかし、部隊が10キロに及ぶ海岸線に広がってやっと岸に上がると、混乱が支配した。海岸に散らばった部隊は統一した指揮系統を欠き、組織的な一体性を取り戻せなかったのだ。ある大隊長は1個中隊としか意思疎通を図っていなかった。[*32] 行動を牽引する全体の指揮系統がないので、各部隊は独自に行動し、激変した現場の状況に構うことなく、まるで台本にあるかのように進行した。随所で連携の取れていない部分もあったが、それぞれの当初の作戦目標に向かった。

その間、国民党軍の海岸防衛の前線部隊は猛烈な抵抗を続け、攻撃部隊に多大な犠牲を与えた。国民党軍の掃海艇、砲艦、戦車揚陸艦を含む海軍艦艇は現場に到着すると、共産党軍の輸送を妨害して本土側の敵砲兵を制圧し、金門島に上陸した部隊を砲撃した。[*33] 数時間で共産党軍は行き詰まってしまった。最初の攻撃を阻止した国民党軍の歩兵部隊は、M5A1スチュアート軽戦車と迫撃砲の援護を受けながら、夜明け前に3方面からの反撃に着手した。[*34] 適切な数の対装甲兵器を欠いた共産党軍に対し、「金門の熊」と呼ばれた戦車は壊滅的な攻撃力を発揮した。それでも共産党軍は2つの部隊が金門の腰（島の中央部分）の部分から西に進み、もう1つの部隊は北と南西から進んだ。朝になると国民党軍は空軍を出撃させ、金門対岸の共産党軍の砲兵陣地を制圧し、島に上陸している敵軍の爆撃を開始した。[*35] この反撃は共産党軍の領土攻略の試みを後退させ、部隊は金門島北西部先端の孤立した地域、古寧頭《こねいとう》に追い込まれた。

浜辺では、共産党軍の輸送船を岸に近づけた満潮が大きく引いてしまったことから、露出した干潟に船団全体が沈んでしまった。[*36] 立ち往生した艦船は容赦ない砲撃と艦砲射撃にさらされた。日が昇ると、国民党軍の航空機が身動きのとれなくなっている艦船を砲撃。陸、空、海の戦力が一体となった火力は艦船を一隻残らず破壊し、共産党軍から参戦させられた漁民は殺傷された。大嶝島で戻ってくるはずの木造船を待っていた第2波の部隊は、対岸で破壊された船が炎をあげるのをなすすべもなく、恐怖に慄きながら見ていた。[*37]

作戦の目玉だった増援能力だけでなく、3個連隊が脱出する能力さえ消え去っていた。

正午までに、第244連隊は弾薬を使い果たし、事実上全滅した。国民党軍の陸上砲兵によって浜辺にくぎ付けにされた第251連隊はすでに3分の1の兵力を喪失。同連隊は10月25日午後の包囲網を突破するまでの激しい戦闘で、さらに1000人の兵士を失っていた。この時、敵に包囲された部隊は、9時間以上にわたる国民党軍の反撃に抵抗した末、2個分隊にまで減ってしまった。*38 第251、第253両連隊で生き残った者たちは合流し、古寧頭の上陸地点までのろのろと歩いた。

時間が経過する中、第251、第253両連隊は古寧頭で、狭くなるだけのかろうじて存在する境界線を守った。敗北を認めたくない第10兵団は第246、第259両連隊に対し増援を送るよう命じた。その決断はどうみても無謀だった。共産党軍はかろうじてわずか4個中隊を送るのに十分な船だけをかき集めることはできた。だが、強風によって船団の一部は進路から飛ばされ、残りの10個小隊だけが25日夜に古寧頭に上陸することができたものの、現地の軍事バランスに大したインパクトは与えなかった。*39 残る部隊は、もっと多くの船が来て自分たちを救出してくれるとの望みを持ちながら抵抗を続けた。

27日までに、共産党軍司令部と金門に捕らわれた兵士たちとの連絡は途絶えた。打ち負かされ、物量でも負け、弾薬と食料も底をつき、打つ手もなくなった共産党の残党は28日午後に玉砕した。同志を救出するために送られた第246連隊長は、自暴自棄になって命を絶った。熾烈な衝突が何日も続いた後、島には不気味な静寂が訪れた。作戦は失敗した。第10兵団は約5000人が死亡し、4000人が捕らわれ、全3個連隊を失った。国民党軍は死者2500人近く、負傷者3700人ほどを含む6000人以上の被害を出した。[*40] 共産党軍にとって、1949年の連続楽勝の流れは突然断たれた。

大惨事の後、毛沢東はPLAが金門島で国共内戦最悪の損害を被ったことを認めた。10月1日の中華人民共和国の建国から1カ月も経っていないタイミングでこの敗北は痛手になったに違いない。毛沢東は部下たちに、失敗に終わった作戦を反省するよう強く求めた。失敗によって目が覚めたことで、その後の毛沢東と台湾制圧を担った指揮官たちとのやりとりは、水陸両用作戦の複雑さを再認識させるものだった。台湾奪取に必要な見積もりも引き上げられ、海峡作戦には慎重な計画と綿密な準備、そして圧倒的でなくてもかなりの戦力が必要であるとの最高司令部の認識が反映された。

廈門防衛の急な崩壊を含め、揚子江を渡った後の第3野戦軍による一方的な勝利は、明らかに金門作戦の場当たり的な計画と実行に影響していた。ある研究は、作戦の失敗は、敵の過小評価、焦り、敵の状況分析の失敗、上陸作戦への準備不足、そして戦闘部隊編成の欠陥に起因するとしている。[*41] また、海と空からの応援の不在、不十分な部隊輸送力、不慣れな気象条件、そして敵の傾向に関するインテリジェンスの不在を指摘する研究もある。[*42] 第3野戦軍の正史は、第10兵団が占領した土地で、早々に行政分野に集中してしまい、計画と指揮の責任を隷下の第28軍に委ねてしまったと明記している。こうしたまずい決断が、第10兵団の特徴とされるようになった「盲目的な楽観主義」を浮き彫りにした。[*43]

惨事に関する最も優れた詳しい分析の一つとして、米トランプ政権でマイク・ポンペオ国務長官の政策アドバイザーを務めたマイルズ・ユーは、失敗の理由を以下のように特定している。共産党に対する地元の敵意、とりわけ漁民の感情が第10兵団から部隊を対岸に送るための適切な輸送力を奪った▽戦略と作戦のインテリジェンスの貧困さが、予想以上に共産党軍よりも闘志が強い、強力な敵に向かわせた▽船団の出発が大幅に遅れたため、部隊が国民党軍の空軍力への恐怖を持たずに戦えた重要な時期の夜間作戦が打ち切られた▽部隊の指揮統制が取れていなかったため、国民党軍の突撃部隊が上陸した時の混沌と混乱を招いてしまった[*44]――。

ある中華民国の研究は、共産党軍の作戦を妨げた戦術的な不足を以下のように指摘する。艦船に適切な通信機器がなかったことが、浜辺の上陸時の混乱を招いてしまった。また、中国本土の沿岸砲兵部隊は射程の短さと弾薬の制約に苦しみ、金門上陸作戦を十分に応援できなかった。さらに、数少ない対装甲兵器の不適切な使用が、部隊を国民党戦車の容赦ない火力にさらした。[*45] 別の中華民国の記事は、共産党軍が部隊上陸後にきちんと橋頭堡を確保していなかったことを指摘する。3個連隊のうち、第253連隊だけが占拠地を守るために1個大隊を残していた。残る部隊は浜辺にある守りの弱い足場に関心を払わずに内陸に進んだ。この怠りが、10月25日に日付が変わるや否や、国民党軍による海岸線沿いの突破口封鎖を可能にしてしまった。共産党軍が橋頭堡を適切な予備兵力で守っていたら、仲間の攻撃を応援し、国民党軍の動きを監視、遅延、拘束、阻止し、そして状況によっては反撃さえ行うことができたかもしれない。[*46]

葉飛は回顧録の中で、前述の過ちの多くを認めている。彼は、新たに占領した重要な経済ハブである廈門の行政面の仕事に没頭していたことも認めている。彼にとって、この極めて重要な都市部での社会の安定を維持することは絶対不可欠だったのだ。というのも、福建沿岸での戦いは地元経済に大きな混乱をもたらしていた。撤退する国民党軍はこの地域一体から資産を強制的に奪っており、共産党軍が廈門を占領する頃には燃料と食糧の不足が大きな問題になっていた。廈門にとって物流は不可欠だったことから、戦争による海上物流の寸断は物資不足を悪化させるだけだった。[*47] このように、2万人におよぶ廈門の人口を世話し、食べさせることが、葉の関心事となったのだ。

葉は、さらに第28軍が十分な船を持っていなかったことを認めている。彼は、廈門に対する作戦が代替のきかない輸送船の深刻な損失につながったとしている。しかし、廈門での勝利の余韻は、葉と彼の部下たちから海を越えた侵攻の困難さと危険性を覆い隠してしまった。また彼は、上陸部隊が海岸堡を確保できなかったことを重要な作戦ミスだと指摘する。岸にたどり着いた後、3個連隊は作戦の後方支援基盤を顧みることなく目標に向かって突進した。船舶と宿営地を守るために1個大隊しか残さなかった。葉はさらに、司令部の配置にも問題があったとしている。第1波の攻撃部隊には、全体的な統一指揮を行う指揮官が一人もいなかった。これは、部隊が上陸する際の寄せ集め連隊間の連携不足を深刻化しただけだった。最後に葉は、この作戦は現代戦の基本原則に違反していることに気づいた。それは、PLAは空と海で対抗する手段を持たず、ましてや指揮する力もなかったことだ。航空戦力と海軍力の完全な欠如は、全部隊を重大な危険にさらすことになる。[*48] これらの教訓は第4野戦軍の海南島作戦に生かされることになる(第6章で詳述)。

舟山群島作戦(1949年8月18日～11月5日)

舟山群島は寧波のすぐ東、杭州湾の南口に位置する。400以上の島と小島がこの沖合の群島を形成し、1200平方キロメートルに広がる。最大の島は舟山島で、大きさは約500キロ平方キロメートル。島々は大陸沿岸の南北にまたがり、上海、杭州、寧波といった主要都市を防護するための遮蔽物になる一方、これらに対する出撃拠点にもなり得た。国民党軍は、上海や寧波周辺の防衛が崩壊すると、部隊を共産党軍の海への進出を阻む拠点となる舟山に退かせた。その舟山で国民党軍は1949年7月、新たな司令部を立ち上げ約6万人の守備隊を率いた。そして、島を拠点とする国民党海軍と空軍は、陸上部隊に対し艦砲射撃支援と近接航空支援を提供した。

5月に上海が陥落するや否や、第3野戦軍は舟山占領に向けた計画を立て始め、第7兵団に作戦の指揮を執るよう命じた。第7兵団は4個師団約4万人を指揮し、そのほとんどは歩兵で砲兵の支援は限られていた。7月下旬、指揮官と作戦立案者は彼らのオプションを検討し始めた。そして、第22軍が任務遂行にあたってすべての責任を負うことが決まった。また、第21軍第61師団の指揮も執ることになった。戦力の質的・量的劣勢、船舶の不足、上陸作戦の経験の完全な欠如を踏まえ、第7兵団は作戦に保守的なアプローチを採用した。[*49]

まず第7兵団は訓練し、準備した。ほとんどの兵士は内陸出身者で、まったく海のことには不慣れだった。波への対応や、浜辺に敵が設置する障害物を避けて移動すること、そして浜辺で前進することを学ばねばならなかった。[*50] 第二に、第7兵団は島々を段階的に攻略することを計画していた。最初に舟山周辺、特に本土に最も近い小さな島に沿った拠点

地図 5.2　舟山群島

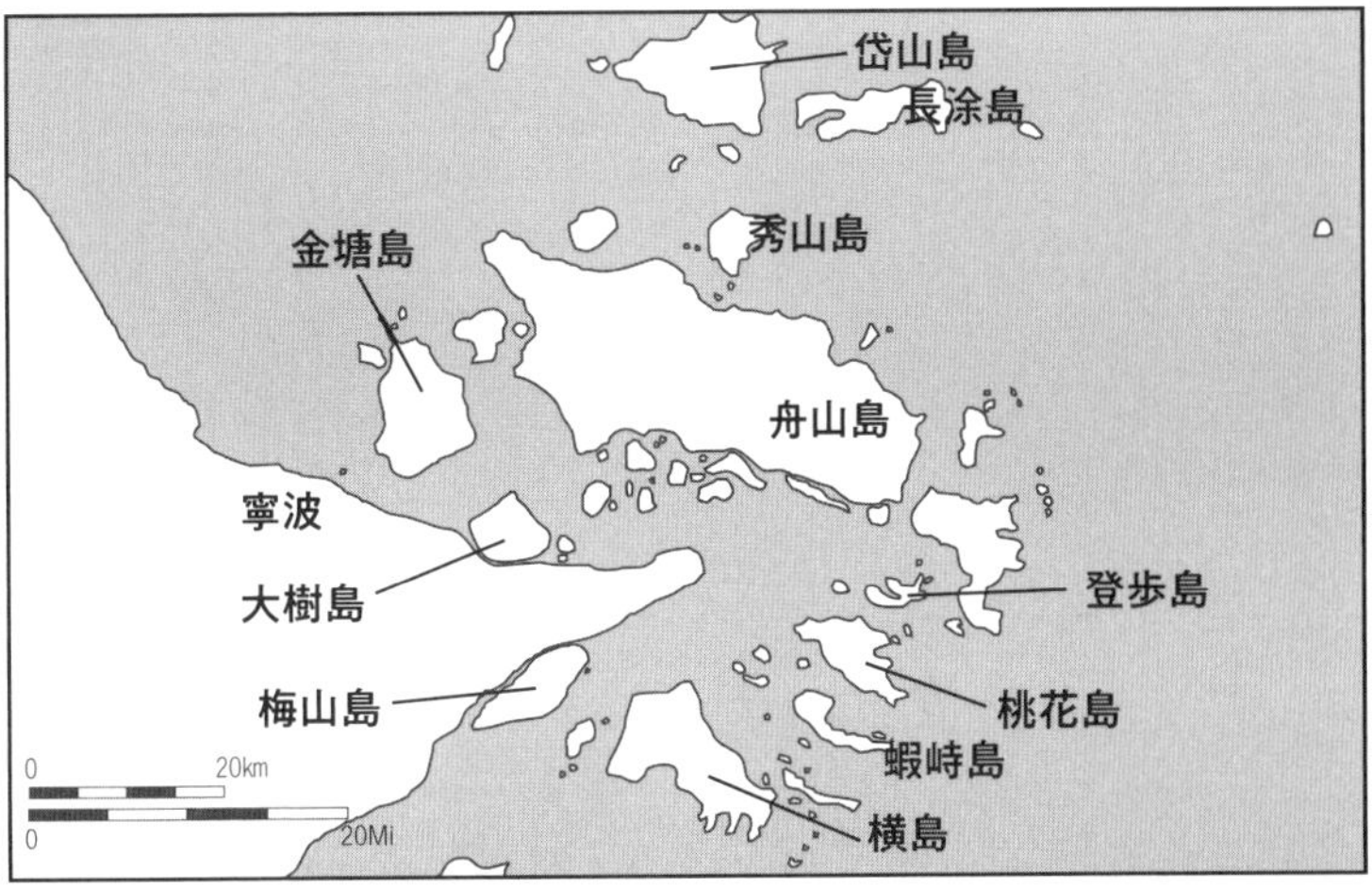

を奪う。そして、局地的な作戦は、決定的な交戦において特定の場所で、数で劣る守備隊に対し兵力を集中投入する。目標は、ある程度、殲滅戦を戦い、敵に心理的ショックを与え、敵の総合的な強さを徐々に削いでいくことだ。戦闘はまた、部隊が新しく身につけたスキルを試し、上陸作戦で大いに必要とされる経験を得ることにも役立つことが期待された。

8月中旬までに、第7兵団は標的を沖合約0・6キロにある岩礁、舟山本島の玄関口である大樹島とすることを決定した。大樹島には、約1000人の守備隊が駐屯していた。敵を圧倒するため、第22軍は3個歩兵連隊と1個砲兵連隊から編成された。4個大隊が攻撃の第1波を仕掛け、3個連隊が後続部隊を送り込む。砲兵連隊を火力支援のために投入する。別の連隊は、南にある梅山島からの反撃を防ぐために近くの小島を占領する。一連の攻撃準備はすべて極秘裏に行われた。8月17日、200隻ほどの船舶が数キロにわたって湾に隠されたり、カムフラージュされたりした。大砲もひそかに準備された射撃位置に運ばれた。こうした静かな動きや隠された場所は国民党軍の偵察部隊の目を逃れた。*51

8月18日、第22軍は夜陰に乗じて奇襲を最大限に活かした攻撃に踏み切った。相次ぐ砲撃の後、船員が猛烈に漕いで4個連隊を運んだ。大樹島に近づくと、乗船していた射撃手が敵陣営に対し砲撃。対岸に到達するのに15分しかかからなかったこともあり、偽装工作と奇襲は守備隊を驚かせた。攻撃隊は3つの異なるルートを使って、すばやく島の国民党司令部を包囲。守備隊は19日未明に陥落した。翌日、国民党軍は艦船5隻、戦闘機5機の応援を受けて反撃となる上陸を試みたが、撃退された。大樹陥落の知らせを聞いて、梅山島の国民党軍は持ち場を放棄して逃げ出した。この最初の作戦の成功は、第7兵団の自信を高め、それ以降の上陸作戦に重要な教訓を与えた。

第7兵団は次に、大樹島より大きく、舟山の西にある金塘《きんとう》島占領に狙いを向けた。金塘島と大樹島の占領によって、共産党軍が挟み撃ちにして主目標の舟山島にさらに迫ることができるからだ。大樹島での惨事の後、国民党軍は海が敵を阻止する力になることに自信を失っていた。金塘島が次の標的かもしれないことから、金塘の重要な場所に掩蔽壕《えんぺいごう》の建設に着手した。

9月初旬、第22軍は、4個連隊が主攻撃を行い、残る1個連隊を予備部隊とすることを決めた。そして、別の小規模の部隊が群島の中で最も南に位置する横島に陽動作戦を仕掛けることになった。狙いは、守備隊を横島に釘づけにし、金塘島で包囲された味方への応援を阻止するためである。3個砲兵連隊は、近くの軍港や空軍基地を砲撃するための長距離砲撃を含む火力支援を提供する。この連携作戦は金塘島での戦場を孤立させ、兵力と火力で勝る守備隊を圧倒することになる。

しかし、9月後半に続いた悪天候が邪魔に入った。嵐が相次ぎ、道路や橋、桟橋脇の施設が破壊されたのだ。物流インフラへのダメージは作戦に向けた準備に支障を来した。重要インフラを復旧する勇敢な取り組みの末、司令部が攻撃のタイミングだと決断したのは10月初旬になってからだった。ところが、なかなか天候が味方してくれない。第22軍は再び作戦を延期した。現地の地形と気象条件を慎重に研究した共産党軍は金塘島が難しい標的であることを学んでいた。干潟が島を取り囲み、潮は劇的に引く。上陸作戦に適した潮位は月に6日だけで、その6日も満潮は4時間しか続かなかった。[*52] 限られたチャンスは共産党から遠のきつつあった。

満潮が引く前日の10月3日、第22軍は降り続く雨と強風にも関わらず攻撃を命じた。その日の午後、天気が一瞬回復した時、49門の大砲が金塘島に向けて火を吹き、300隻ほどの船が島へ急行した。[*53] 海を2海里近く渡るのに約75分かかった。激しい雨は部隊上陸時も続いており、計画を進めることを難しくした。しかし、悪天候は舟山にある定海空軍基地を拠点とする国民党軍の航空戦力の手足を縛った。共産党軍は北へ前進し、東西の連絡を遮断し、島の両側の港へのアクセスを断ち切った。島の最北端に到達すると、敵部隊の残党が北西岸に隣接する小島に逃げたことから、制圧を完了した。作戦は10月5日の夜明けに終わった。

共産党軍を舟山島にかなり近づけた金塘島の崩壊によって、国民党軍は横島と蝦峙《かじ》島を含む防衛境界線の南端にさらされていた前線基地からの部隊撤退を余儀なくされた。舟山南方への攻撃作戦を担当していた第21軍第61師団は国民党軍が撤退し始めるとすぐにこれらの島を占領した。新たな成功を収めたばかりで、共産党の上層部は勝利の勢いに乗じて61師団に対し、南の蝦峙島と北の舟山に挟まれている桃花島への攻撃を指示した。PLAの史料によると、蝦峙島の住民たちは伝えられるところによれば、解放軍に桃花島の隣人たちを解放してくれと懇願した。[*54] その熱意からなのか、住民たちは浜辺に埋めた船を掘り返したり、大急ぎで調達したりして、3日間で70隻の船を用意した。

10月18日午後、砲弾が桃花島に降り注いだ。1時間の砲撃の前置きに続いて、4個大隊が島に向かって出撃した。一旦上陸すると部隊は崖をよじ登って、制圧射撃で敵軍を守備位置に固定させた。国民党軍は再び浜辺を越えた進軍を止めることができなかったのだ。主力攻撃部隊は再結集後、島の内陸に進み、一晩の激戦の後、北側の主要2港に到達し海からの脱出路を絶った。島はちょうど20時間で陥落した。

一連の敗北で国民党軍は守備再編を余儀なくされた。新たな指揮系統を確立し、新しい指揮官を任命し、舟山島と隣接する長涂島に援軍を送り、爆撃機を収容するために岱山島《たいざん》の飛行場建設工事を加速し、舟山へ追加部隊を派遣して守備隊を9万人に増員した。

舟山島南側の包囲を完成するために、第61師団は登歩島《とほ》の占領に備えた。舟山の南東に位置する登歩島は、桃花島からわずか1・5海里北東にある。この島こそ、舟山の国民党軍と共産党軍の間に残る物理的な障壁だった。第61師団は第182連隊と183連隊隷下の1個大隊を第1陣の上陸部隊に、183連隊の1個大隊と1個中隊を予備部隊に配置した。桃花島に設置された12門の山砲が火力支援を行う。師団は2個連隊を運べる船団を編成した。[*55] 水陸両用部隊が十分な船を持っていないことは懸念としてあった。桃花島の攻略作戦で、共産党軍は艦艇約40隻を失い、国民党軍からの空爆で損失は増え続けた。しかし、上層部は作戦を計画通り進めるよう主張した。[*56]

11月3日午後、桃花島の砲兵部隊は登歩島の国民党軍陣地に制圧射撃を行った。悪天候で国民党空軍が身動きできない中、陸軍と海軍艦艇が対砲兵射撃で応戦した。[*57] その夜、約100隻の船で運ばれてきた最初の共産党軍の部隊が登歩島に押し寄せた。しかし、強風と突然の潮流の変化が、船団の大半の到着を阻んだ。その中で、約1000人の7個半歩兵中隊と2個砲兵中隊だけが岸にたどり着くことができた。この小規模部隊が海岸堡を確保し、手薄になっていた海岸沿いの守備を突破したことで後続部隊の到着が可能になり、攻撃部隊を徐々に強化することができた。激しい戦闘が一夜続き、共産党軍は島の4分の3を押さえ、守備隊を登歩島の北端に追い込んだ。勝利を手中に収めたかのように見えた。

国民党軍は諦めていなかった。舟山守備隊司令部は11月4日未明に応援部隊を派遣。海上輸送で4個連隊を投入し、狭まりつつある防衛線の背後で包囲された部隊を加勢した。[*58] すると、戦術的なパワーバランスが共産党軍に不利に転じた。海からの砲撃と空からの近接航空支援で国民党軍は2つの前進隊で反撃し、南東と南西に展開。[*59] 反撃中、中華民国空軍はB-25爆撃機3機、モスキート戦闘爆撃機7機、そしてP-51戦闘機7機を投入して、何度も攻撃して敵の動きを封じた。[*60] 今にも勝利を収めるものだと考えていた共産党軍は突如として多勢に無勢となり、完全撤退に追い込まれた。敗走部隊は島の中央部でバラバラに離れた場所に陣取った。国民党軍による陸、空、海からの断続的な砲撃が壊滅的な決定打となった。再補給も絶たれ、包囲された部隊は最終的に弾薬と食糧も尽きてしまった。必死の肉弾戦に出て、痛ましい死に終わった者もいた。ある例では、第183連隊の第1大隊が政治将校1人と兵士約40人にまで減った。

その日の夜、第61師団は、第1陣で派遣され、島にたどり着けなかった部隊を含む計11個中隊からなる増援を送り込んだ。部隊は成功裡に上陸し、包囲されて残った兵士たちと合流した。国民党軍に相当な損害を与え、重要なポジションを取り戻したものの、敵軍は圧倒的な戦術的優位性を確立し、島にさらに多くの部隊が投入されたことからより強力になっていた。対する第61師団は予備戦力を使い果たしていた。11月5日、晴天によって国民党軍は空と海の戦力の優位性を最大限活かして共産党軍を打ちのめし、その一方で地上部隊はより南方に押し進み、重要な土地を占領していった。[*61] もはや共産党軍は戦力を維持できなくなっていた。PLAの正史によると、生き残り部隊は5日夜に撤退したという。ある中華民国の情報源によると、登歩島にいたほとんどの共産党軍は殲滅され、桃花島まで船でなんとか逃げたのはわずか数人だったという。[*62] 金門島の惨事に続くこの敗北は、上陸作戦が本質的に複雑で、とりわけ決意が固く、人や物が豊富な敵と対峙するのは危険であるとの教訓を一層明確にした。

第3野戦軍の厳しい事後報告は、登歩島での失敗につながった要素を列挙した。実質的に共産党軍は海と空からの支援を欠いていたが、十分な支援があれば国民党軍の空軍力と海軍力に対抗できたかもしれなかった。だが、不十分な輸送力によって、第61師団は決定打を与え得る十分な部隊の投入ができなかった。部隊の総指揮を執る第7兵団と隷下の第22師団は天候と雨量などに十分な関心を払っていなかった。第61師団隷下の攻撃部隊はまともな訓練を受けておらず、目の前の任務への準備さえ不十分だった。指揮官たちは失敗を想定することを怠り、最初の部隊が完全につぶされた時、登歩島で包囲された部隊を迅速に増援できず、そのため、戦術的均衡は敵に有利に傾いてしまった。[*63]

別の研究は、桃花島が陥落した時点ですでに共産党軍は戦線を拡大しすぎていたと主張する。距離でみると、共産党軍は本土から海に向かって、梅山島、横島、蝦峙島、そして桃花島を経て約25海里に及んでいた。攻撃隊がそれぞれの島を占領する際、守備隊を残していかなければならないことから、前進するにつれて攻撃作戦を行う部隊は減っていった。[*64] クラウゼヴィッツ的に言えば、共産党軍はすでに登歩島計画が始まる前に攻撃のピークに到達、または過ぎていたのだ。さらに別の回想は、乏しいインテリジェンスと自信過剰が失敗につながったと指摘する。共産党軍は、登歩島に残る敵はわずか4個大隊で、これらの守備隊はほとんど援護を得られないと信じていた。前線の指揮官たちは、国民党軍部隊が10月末に舟山島に入り込んでいたことに気づかず、登歩島に援軍が来る可能性を考えていなかったのだ。このため、攻撃隊は大樹島や金塘島と同じようにすぐに陥落すると想定して、短期戦用の食糧しか受け取っていなかった。[*65]

ある中華民国の情報源は、もし共産党軍が計画通りに第1陣の攻撃で4個大隊を上陸させられていればすばやく勝利できただろうに、と主張する。[*66] 11月3日夜、最初の突破は国民党軍の間に混沌と混乱を引き起こした。しかし、上陸したわずか2個大隊と戦力過剰の中隊だけの攻撃では、その戦術的成功を最大限活用することはできなかった。勝利に向かう状況に乗れなかったことによって、国民党軍に援軍を送る余裕を与え、迅速で決定的な占領の機会を逃してしまった。部隊は勢いを失い、一連の流血の消耗戦を強いられた。さらに、国民党軍の空・海両軍の存在は現場の損失が出る状況を早めた。金門島での苦境のように、共産党軍は陸上戦を支えるとともに、国民党軍の航空部隊出撃を妨害するに十分な数の長距離砲を欠いていた。これらの要因が相まって運の逆転につながった。

この敗北は国民党軍に舟山島の守備隊を増強する時間を与え、11月中には約12万人に膨れ上がった。1949年末までに国民党軍司令部は、舟山を本土に対する攻撃作戦の拠点とすることを決定した。攻撃作戦には、揚子江デルタ地帯の封鎖、沿岸交通と共産党軍が占領する沖合の島々への海上阻止、島の陸上施設・沿岸都市・鉄道輸送への空爆、特別部隊による陸上目標に対する小規模の奇襲攻撃などが含まれる。

舟山島からの脅威を排除するため、共産党軍は潜伏中の敵を追い出すための部隊増強を始めた。1950年4月までに、兵力約3万7500人、水上戦闘機44機、水陸両用強襲揚陸艦38隻、爆撃機と戦術航空機、ソ連供与のミグ15などをかき集めた。[*67] 1950年2月から3月にかけて上海、杭州、徐州に空軍部隊を配備し、4月には国民党空軍に対抗できるようになった。4月25日、第3野戦軍の指揮官たちは舟山に対する陸空海連合作戦の合同計画会議を開いた。第7兵団と第9兵団が島の拠点を攻略する6個軍を指揮することが決定された。[*68] ところが、その計画は急変した。というのも、5月1日の海南島陥落（詳細は第6章）が国民党軍上層部に衝撃を与えたためだ。同時に、舟山周辺の軍事バランスが共産党軍有利に転じたことは国民党指導層にも明らかになった。5月10日、蔣介石は部隊に舟山から台湾への撤退命令を出した。[*69] 5月中旬、国民党軍は3日かけて、12万5000の部隊を海路、一人の損失も出さずに静かに撤退させた。[*70] 陸軍、海軍、空軍が緊密に連携した撤収作戦によって蔣の戦闘部隊の主力は温存されたのだ。撤退によって舟山島は共産党軍に解放された。

混在する功績

第3野戦軍の海上でのパフォーマンスは一貫していなかった。陽動部隊の壊滅は廈門制圧を台無しにし、金門島の惨事はＰＬＡの台湾占領の見通しに関する重要な想定を覆した。舟山作戦は、国民党軍が登歩島で共産党軍の侵攻に反撃後、失速した。そして、国民党軍は舟山島から全部隊を無傷で撤退させた。第３野戦軍が戦いの原則に反する度にひどい結果が続いたのだ。例えば、第10兵団と第７兵団は、さらなる楽勝を期待して攻撃を進めたが、勝利病にかかっていたように見えた。しかし、金門島と登歩島では、明らかにクラウゼウィッツが説く、攻撃のピークを過ぎていた。同時に、この作戦は２つの現存する勢力間の相互作用の重要性を示した。というのも、一旦、蔣が金門と舟山での拠点強化を決めると、共産党軍の上陸作戦は動きを止めた。南方の第４野戦軍は第３野戦軍の経験から多くを学び、福建と浙江の沿岸で同志が犯した、大きな犠牲を払った失敗を避けるために、状況に応じた戦略を取り入れた。

第6章　海南、万山作戦

著名な司令官、林彪が率いる第4野戦軍は、人民解放軍史上最大の海南島への上陸作戦を実行した。台湾とほぼ同じサイズの海南島は、台湾に次いで重要な戦略地だと認識されていた。また、規模と複雑さで廈門、金門、舟山以上に、作戦上、手中に収めておきたい存在だった。第3野戦軍とは対照的に、第4野戦軍の戦略立案、兵站、訓練などの作戦準備は緻密で整然としていた。毛沢東も1950年初めのモスクワ訪問中でさえ作戦に関心を持ち、林に指示を与え、海南島攻略を重視する姿勢を見せていた。複数段階に及ぶ作戦は、海南島の反乱分子との緊密な連携もあったが、共産党軍がいかに過去の失敗から学び、自分たちと敵を正しく評価した上で戦略を適応させたかを示すものだった。[*1] 要するに、作戦の成功は良い戦略を反映した。続いて行われた万山作戦は、PLAが初となる陸海共同作戦を陸上から離れた場所で行った。海南、万山両作戦はPLA戦史の中で重要な節目として今日も記憶されている。

準備（1949年12月18日～1950年3月4日）

1949年10月2日、共産党軍は広東作戦を開始した。2週間で第15兵団は広州を占領した。生き残った国民党軍は南西へ逃げたが、第4兵団が追撃、追いつき、陽江と陽春近くで4万人を粉砕した（両陽作戦）。第4野戦軍は11月6日から西の広西省へ向かい、12月中旬までに広西で敵軍17万人を殲滅した。2万人ほどの生存者はほうほうの体でベトナムに逃れた。中国南部で中国共産党が手中にしていないのは海南島だけとなった。

海南島は、米国メリーランド州とほぼ同じ大きさの面積3万4000平方キロメートルで、作戦当時は300万人が居住していた。瓊州《けいしゅう》海峡が海南島と、広東省から突き出た雷州半島を隔てる。海峡は最も狭いところで11海里（約20キロ）、最も広いところで27海里（約50キロ）あり、ドーバー海峡より10海里（約18・5キロ）広い。穏やかな風と海流に乗ればヨットで5～7時間で海峡を横断することができる。[*2] 一部の中国の戦略家にとって、海南島の地政学的重要性に匹敵するのは台湾のみだった。共産党軍が恐れていたのは、この熱帯島の大きさ、大陸への近さ、資源基盤、海へのアクセスから、国民党軍が大

地図6.1 海南作戦、1950年3月-5月

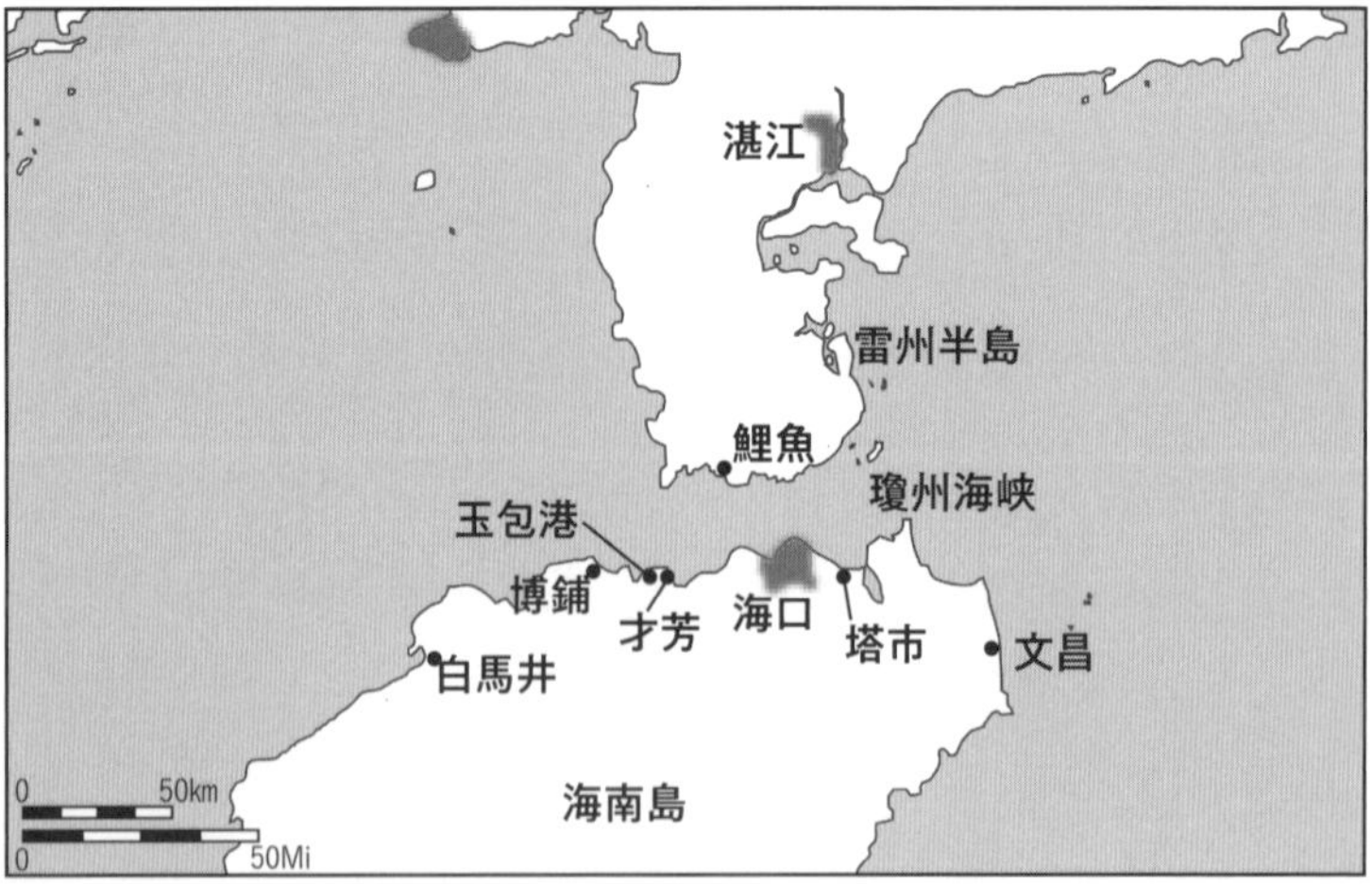

陸の新政権に対して大規模反攻を行うことだった。共産党軍が海南島を占領すれば、共産党軍は中国南部への海洋進入路を支配し、中国の領土は南シナ海まで200キロ以上拡大することになる。

1949年12月、蔣介石総統は海南守備司令官に薛岳《せつがく》将軍を任命した。薛は島の防衛を北部、東部、西部、南部に分け、共産党軍を食い止めるために陸軍、空軍、海軍の連携を調整した。約10万人からなる1つの精強部隊が、この南部の最後の拠点を守った。[*3] 薛は中華民国海軍第3部隊の19個師団からなる5つの部隊と艦艇50隻、海兵隊連隊、計45機の戦闘機・爆撃機、輸送機からなる4つの航空群を指揮した。[*4] 国民党軍は航空・海上優勢を保っていた。少なく

とも金門島と本土を隔てた海峡の2倍の広さがある水の防壁となる海に加え、薛は海南島における作戦の戦略的な縦深性と空間を享受していた。金門島での惨事の後だけに、共産党軍にとって海南島の国民党軍の精強な守りは手強い挑戦に見えた。

第3野戦軍の急ごしらえの作戦と違って、PLAの海南作戦の重要な特色は、第4野戦軍の最高司令部、現地の方面司令官ら、そして毛沢東と中央軍事委員会を含む政治指導部の間で緊密な協議が行われていたことだった。作戦の協議が始まった1949年12月から1950年2月にかけて、毛沢東は林彪に4回以上電報を送っている。毛が作戦を重視していたことを裏付けるように、その交信は毛がヨシフ・スターリンと将来の中ソ関係を交渉する極めて重要なモスクワ訪問の最中に行われていた。毛は部下に対し、作戦のタイミングから侵攻部隊の規模、指揮系統、輸送装備にいたるまで、幅広い課題について検討するよう指示した。[*5] 毛の海南島攻撃に対する戦術レベルにいたるまでの細部へのこだわりは、金門作戦での沈黙とは対照的だった。[*6]

金門での大失敗は毛に重くのしかかった。林に対する12月18日の伝言で金門作戦に言及しながら、「君はこの教訓を研究しなければならない……、敵を過小評価することは避け……、金門で犯した同じ失敗をくり返すことを避けるように」と警鐘を鳴らした。また、林に第3野戦軍司令官の粟裕から金門での「すべての経験」を直接学ぶよう指示した。[*7] 同じ伝言で、毛は「海を渡る作戦は我ら陸軍の過去すべての戦闘経験とは全く異なる。我々は潮流と風向きに関心を払わねばならない。我々は1回の輸送で少なくとも1個兵団（4万～5万人）を運び、3日分以上の食糧を持ち、敵の前線地域に上陸して確固たる橋頭堡を築き、すぐに増援に依存することなく独立して攻撃するために、全兵力を集中しなければならない」と指摘した。[*8] 毛は、金門作戦で顕著だった中途半端な作戦や断片的な即席の取り組みを海南島で繰り返さないことを明確にしていた。

最強の部隊を作戦にあてることを決め、第4野戦軍は第15兵団の第40軍と第43軍の約10万人の部隊を攻撃の先陣に任命した。この2つのエリート軍は、本土の国共内戦の潮目を決定的に変えた遼瀋作戦と平津作戦で功績を残していた。各軍は砲兵連隊、防空砲兵連隊、そして戦闘工兵部隊で構成された。しかし、共産党軍はそれでも水陸両用軍を守る空軍と海軍を持っていなかった。そして、海峡を挟んだ上陸地点は陸上砲兵の射程を大きく超えるものだった。

ただ、共産党軍は海南島では優位に立っていた。というのも、共産党主導の民兵集団「瓊崖《けいがい》縦隊」が1920年代半ばから海南島で活発に活動していたからだ。民兵は奥地のアクセスできない場所で何十年も生き延びており、日本の占領軍や国民党部隊を攻撃していた。日本が降伏した1945年までに人口は1万5000人に膨れ上がり、海南島の人口の半分が住む地域を拠点にして支配した。[*9] 1950年1月までに民兵集団の指導者、馮白駒《ひょうはくく》は2万5000人からなる10個連隊を指揮し、領土の3分の2、人口の3分の2を支配するようになった。[*10] 戦力投射できないところを穴埋めするため、第15兵団は現地の状況について遥かに優れた知識を持つ瓊崖縦隊と水陸両用上陸作戦をスムーズにするために連携した。共産党軍は、海南島での非正規部隊による陽動攻撃やサボタージュが国民党軍の後方地域を脅かし、国民党軍の関心を海からそらすことを狙った。

12月中旬から1月にかけて、第15兵団の指揮官と作戦立案者たちは海南島攻略作戦のオプションを議論した。島に関する情報を可能な限り収集し、第2次大戦中の欧州や太平洋での様々な水陸両用作戦を詳しく分析した。彼らはまた、1949年10月の金門島における第3野戦軍の失敗についても研究した。[*11] 繰り返し会って作戦の詳細を詰めて、進化する戦略のリスクとメリットについて率直に議論し、その上で武漢の第4野戦軍指導層と北京の中央軍事委員会にその結果と勧告について説明した。こうした協議によって、第15兵団は攻撃計画について最高指導部から支持を得ることができた。

2月はじめ、第15兵団は広州で指揮官会議を開き、今後の作戦の全体的な方向性について意思統一を図った。参加者はまず、相手と自軍の軍事バランスのネットアセスメント（総合的な敵の評価）を行った。[*12] 一定の状況は共産党軍に有利だった。海南島に駐留する国民党軍のほとんどは本土で敗北した部隊で、最強の部隊は内戦の早い段階ですでに殲滅されていた。海南島にいる兵士はよそ者で、故郷でもない領土を守るにしても利害がほとんどなく、地元事情にも疎く、士気の低下は著しかった。対照的に共産党軍は、中国の中心部を征服した後だけに、高い士気を誇り、優れた戦闘能力を持っていた。瓊崖縦隊と多くの地域住民からの支持も気分を盛り上げた。この草の根的な動きが軍事バランスを崩すことに貢献したかもしれなかった。とはいえ、国民党軍は制空権と制海権を持ち、質的にも優れた武器を持っていたのに対し、共産党軍には言及するに値する空軍も海軍もなかった。そして、肝心なことは、PLAには大規模な水陸両用作戦の経験がなかったことだった。

各陣営の長所と短所について議論した後、会議参加者らは、国民党軍の短所を利用し、共産党軍の短所を最小限に抑えて長所を生かす方法について検討した。彼らは地形に注目した。海南島は金門島のように小さくなく、大きい。雷州半島だけに面しているといっても、面する海岸線は70キロ以上ある。国民党軍は一見、海南島に圧倒的な数の部隊を置いているように見えるが、実はすべての沿岸線を監視する人員も海軍施設もなかった。海南島の海岸線は見た目より侵入しやすいというわけだ。しかし、作戦を想定していた1950年の春あるいは初夏までに、共産党軍が一度で海峡を渡って部隊を輸送するのに十分な船舶を徴用し建造することは不可能だった。仮に一度に部隊を運べる船団を作ったとしても、強力な海軍と空軍が海を渡る船団を守らなければ、大規模で集中的な水陸両用部隊であっても国民党空軍と海軍からの攻撃には脆かったかもしれない。

こうして指揮官と作戦立案者らは作戦上の課題に対する斬新な解決策にたどり着いた。それは、技術と火力で優位な国民党軍にさらされることを抑えながら、国民党軍の防衛線に侵入しやすい特徴を利用するために、隠密、欺瞞、奇襲を駆使することにした。そして、彼らは、戦争戦略の核心的教義――人民戦争――に立ち戻る。「積極的に、密かに、小グループで潜入し、上陸する際に兵力を結集する（積極偷渡、分批小渡与最後登陸相結合）」との方針で合意し、続いて中央軍事委員会も承認した。[*13] その解決策は革新的で大胆な計画だった。方針に従って、第40軍と第43軍は敵の防御力を試し、探るために最初に部隊を瓊州海峡に滑り込ませる。海南島に上陸した後は、先遣部隊が瓊崖縦隊と結集し、連携して国民党軍を攻撃し、撹乱し、足止めする。国民党守備隊を海岸沿いの防衛拠点から引き離すことで、共産党軍が海南島に対して大規模攻勢をかけやすい有利な状況を生むことが期待された。[*14]

確実に成功するために、共産党軍は細心の計画と綿密な準備を行った。第一に、幹部や部隊をまったく新しい作戦環境に慣れるようにした。内陸出身者の多くは泳ぎ方を知らなかったし、ましてや引き波や波浪や打ち寄せる波に対処することもできなかった。彼らは海をまったく知らず、海を見るだけで怖がった。ボートが転覆して溺れないかということをやたらと心配した。現地指揮官の目にも、彼らは国民党軍の空軍力と海軍力をも過剰に恐れていた。精鋭部隊の自信を取り戻すために、共産党軍は政治的に洗脳して部隊を再教育した。[*15]

第二に、第15兵団はインテリジェンス活動を強化した。第40、43両軍は国民党軍の海上と上空の交通を監視し、行動のパターンを見極めるために沿岸監視所を設置した。瓊州海峡周辺の気象海象をより理解し、予測するために気象調査チームを立ち上げた。潜水工作員が漁民に扮して敵陣地に奥深く潜入し、国民党守備隊の配置に関する情報収集を行った。[*16]瓊崖縦隊とも連携し、敵に関する情報を可能な限り集めるよう指示した。

第三は、第15兵団は2個軍率いる少なくとも5万人の部隊を輸送できる船団の編成のために奔走した。第3野戦軍が苦しんだように、第4野戦軍も深刻な船不足に直面していた。大陸から台湾に撤退する際、国民党軍は海を渡る手段を奪うために敵から船を奪い去った。彼らは中国南部からの撤退時には台湾に多数の航海船を運び、台湾本島に運べない船は破壊した。多くの地元漁民は共産党支配に反対して、自分の船を埋めたり、隠したり、沈めたりして使用できないようにした。

当初、迅速に行動することを迫られた部隊の指揮官たちは、周辺地域で稼働する船を強制的に集めるために部隊を派遣した。だが、そのやり方は地元住民の強い抵抗によって裏目に出てしまった。そこで、2個軍は住民たちに船を借りることにして、1カ月で約600隻を調達した。また、トンキン湾の雷州半島の西に位置する潿《い》洲《しゅう》島という新たな占領地から船を徴用した。第15兵団は必要な数を満たすために周辺地域から船を強要的に押収せざるを得なかったようだ。3カ月の間、共産党軍は作戦用に船員約4000人と船舶2000隻を動員した。[*17] 予想された作戦の規模を反映して、この水陸両用部隊は第3野戦軍のもとで行われた金門作戦や舟山作戦で編成された船団の規模を凌駕した。この間、共産党軍は出来る限り多くの木造船を汽船化しようとした。

　第四は、第40、43両軍は、集中的な訓練を行って、部隊を海上作戦の厳しさに備えさせた。部隊は特訓を受けて基本的な航海・航行のスキルを身につけた。多くは泳ぎ方から学ぶ必要があった。また、共産党軍は船を操縦するために新たな船員集団を育てなければならなかった。船はさまざまなサイズと状態だったことから、訓練生は変化する風や潮に対して隊列を維持するための技術を練習した。攻撃部隊は準備された場所に集まり、整然と効率的な方法で乗船する方法を繰り返しリハーサルした。彼らは沿岸の船をカムフラージュする方法や、空と海からの妨害に対する戦術、航行中にあらゆる手段で連絡を取る方法を考え出した。能力が向上するにつれ、部隊は小規模での上陸や大規模な水陸両用攻撃、海上戦での技能に磨きをかける演習を行った。[*18] 精力的で厳しい訓練は当初、海での戦闘に弱気な者も多くいた部隊の士気と自信を高めた。

第五は、共産党軍は雷州半島の海岸沿いに長距離沿岸砲と防空部隊を配備し、訓練中の船と部隊を国民党の海軍・空軍の攻撃から守った。第28砲兵連隊は1個大隊を半島の南東、南部中央、南西に配備した。各大隊は瓊州海峡の北部をカバーする射程13～14キロの重砲を展開した。[*19] 第1防空連隊は港、船、海上訓練中の部隊の上空、そして雷州半島の砲兵陣地の上を防衛した。こうした展開は共産党軍部隊の集結に対する国民党軍の海と空からの襲撃を効果的に阻止した。[*20]

第六として、第15兵団は後方支援提供のために地元産業や地域社会を動員した。国有化された工場は施設、技術者、技能者、労働者を貸し出し、船や部品の改修や修理を行っていた。あらゆる種類の予備燃料や救命胴衣といった海での必需品が徴発された。広州の地方政府は徴用された船の登録と追跡のための委員会を設立した。共産党軍は3カ月でインフラ整備に100万人近い市民を動員して、3000キロ以上の道、96本の橋、6カ所のフェリー乗り場を修復・復旧させ、3705万キロの食糧を強制収用し、物資や弾薬を運ぶために約4万5000台の牛車を確保した。[*21]

ついに、第15兵団は瓊崖縦隊に上陸に備えるよう指示した。民兵は、海南島の縦隊とその支援者たちを殲滅しようとする国民党軍の攻撃に積極的に応戦し、前線の敵部隊を足止めするために奇襲攻撃を加速した。加えて、民兵は国民党軍の作戦を妨害し、沿岸のあらゆる守備施設や陣地を破壊するための工作を行った。また、予想された共産党軍部隊の到着を円滑にするために地元住民を動員した。さまざまな地域から集められてきた地下ネットワークは後方支援、救急・医療支援、本土から到着する部隊の案内、食糧と弾薬の補充を準備し、敵の動きを監視し現場で情報提供する態勢をとった。*22 大小にわたる課題の細部にいたるまでの配慮は、性急で危うい第3野戦軍のアプローチとは対照的だった。

本格的攻撃への序章（1950年3月5日〜4月1日）

1950年3月はじめ、共産党軍は作戦開始の準備を整えた。第15兵団は第40軍と第43軍に対し、3月5日に増援大隊の海峡への侵入を命じた。第40軍第352連隊と第43軍第383連隊の2個大隊が最初に海峡を渡ることになった。大隊は、本土に最も近く、島の防衛線で最も要塞化されている雷州半島対岸からの正面攻撃を回避する。その代わりに、さらに航行して海南島の東側と西側から挟み撃ちするようにして敵の背後に部隊を上陸させることにした。この密航作戦は、前述の2月の指揮官会議で考案された構想の証明となる。

このような攻撃をする理由の一つは、海南島で瓊崖縦隊を強化する必要性があったためだ。1949年夏のはじめから、国民党軍は民兵を掃討、鎮圧するために一連の対暴動作戦に着手していた。しかし、作戦は非効率だった。同年12月、国民党軍司令官の薛岳は、瓊崖縦隊の拠点を後退させるための包括的な計画を立てた。薛は共産党軍との2正面戦に直面していることを理解していた。雷州半島で拡大する水陸両用攻撃の脅威を阻止し、海南島内での反乱の動きを締め出さねばならなかった。瓊崖縦隊が本土からの共産党軍と連携するのを阻止するために、薛の部隊は1950年2月に海南島内奥地まで一掃作戦を連続して実施した。ある中華民国作戦史によると、作戦はかなり効果をあげた。国民党軍は3月はじめには複数の交戦で反乱軍を撃破し後退させていた。*23 つまり、共産党軍が最初に部隊を輸送したのは、瓊崖縦隊に対する軍事的圧力を和らげるためでもあった。*24

3月5日の夜、第43軍が部隊を船に乗せた場所は無風だった。第40軍は計画通りに行動することと、第43軍は風が吹き始めたら攻撃に着手することが決定された。バラバラに到着することが敵を混乱させるかもしれないと考えたのだ。第352連隊の約800人がその晩、13隻の船で出撃した。乗組員が海上で4時間以上過ごした頃、真夜中になって風が止んだため船を漕がなくてはならなくなった。国民党軍の哨戒艇10隻と上空の航空機4機と遭遇した際、彼らは漁船のふりをして発見を逃れた。
小規模の船団が40海里を渡って海南島北西の海岸、白馬井の近くに到達したのは、翌日昼過ぎだった。船団が海岸線に近づくと、2隻の国民党軍艦艇と4機の戦闘機に発見され、攻撃を受けた。陸上の国民党軍も砲撃してきた。それでも連隊は進み、上陸して橋頭堡を確保すると、すぐさま内陸に前進し、その途中で2つの沿岸守備隊を撃破した。3月7日、連隊は瓊崖縦隊の2個連隊と落ち合った。この成功体験は共産党軍の戦略の重要な要素であり、続いて海峡を渡ろうとしていた部隊を活気づけた。[*25]
3月10日、増強された第43軍第383連隊の大隊と歩兵砲兵中隊、計約1000人の部隊がようやく航行に適した風をみつけた。21隻の木造船は55海里を渡って海南島北東の岸、文昌港の近くに上陸する予定だった。小雨で視界不良ということは、国民党軍の航空力から船団は安全だということを意味していた。しかし、船団は夜間のスコールに見舞われ、6隻が帆を失い、2隻が転覆し、100人の船員が行方不明になってしまった。嵐と10時間格闘した後、船団はようやく予定地に部隊を降ろした。その部隊は、国民党軍守備隊の拠点を撃破し、瓊崖縦隊の独立連隊と合流した。国民党軍の2個連隊が追ってきたが、共産党軍は追っ手から逃げることに成功し、その過程で敵を壊滅させた。侵入者たちは民兵に助けられながら、海南内陸部の瓊崖縦隊の陣地にたどり着いた。[*26]

一連の成功を受け、共産党軍は2度目の攻撃ではもっと直接的な攻撃に賭けた。第15兵団は第40軍と第43軍それぞれに対し、雷州半島の真向かいにある、海南島で最大の都市、海口の東側と西側に分かれて増強した連隊を上陸させるよう指示した。目標の近さと上陸地域が浅瀬だったことが攻撃側を利した。友軍の民兵部隊もその地域で強力な存在感を維持していた。道路インフラがもっと整備されていたら守備側は増援をもっと早く送れたかもしれなかった。共産党軍指揮官たちは、それでも賭けにでる価値はあると判断した。

3月26日、第40軍は第352連隊の2個大隊と第353連隊の1個大隊、計2900人を81隻の船に乗せて出港した。船団は、海口の西にある臨高角周辺の上陸地点まで一晩で16海里を渡ることになっていた。船が出て約1時間後、風と潮流が方向を変え、乗員らが漕がなくてはならなくなったため、かなり進みが遅くなってしまった。さらに悪いことに、視界不良のせいで発光信号を使うことができなかった。無線だけが頼みだったため、船は互いの相対的位置と航路を決めることができなかった。海上の部隊は統一された指揮系統を失い、陣形を維持することに苦心した。[*27] 陣形の乱れた船団が岸に近づくと、戦術指揮官たちは上陸地点の東側で船がコースを大きく外れていることを発見するなどしたが、部隊は27日夜明けになって玉包港で再結集した。多くの船が目視で海岸線を確認しながら集合地点に向かって航行しなければならなかった。

指揮官たちは、西の臨高角に着くまで、あと2、3時間かかると計算した。しかし、日中は国民党軍の海と空からの哨戒機に発見される危険性があった。そのため、攻撃を回避できる場所であればどこでも上陸することに決めた。船団は前線20キロ沿いに成り行きで部隊を上陸させたため、統一された指揮系統がほとんど存在しなかった。部隊は沿岸守備隊と戦いながら、内陸に進んだ。その間、敵の背後で動いていた友軍の民兵が、部隊との合流地点の近くで激しく戦っていた。それは3月初旬に上陸し、その後に上陸する仲間と合流することになっていた瓊崖縦隊と第352連隊だった。臨高角の近くで国民党軍の激しい抵抗に遭っていたが、最終的に民兵は撤退し、3月29日に50キロほど内陸に入った美厚村で新たにやってきた隊員と合流し、瓊崖の拠点に向かった。船団は国民党軍艦艇によって1隻を失ったほか、輸送中に行方不明になった船も何隻かあった。[*28]

第43軍は、第379連隊と第381連隊からの1個大隊、3700人以上に対し、約22海里を渡って、海口から20キロ以上東にある塔市の近くで攻撃を行うよう命じた。3月31日、部隊は88隻に乗船して午後11時ごろ出撃した。船団は2つの護衛グループで構成され、水陸両用部隊の両脇を固めた。

夜中前に国民党軍の哨戒艇が船団に近づいてきた。短い交戦の後、国民党軍は後退した。すると風向きが変わり、共産党軍の船はスピードが落ちてしまった。この瞬間に国民党軍は海口からさらに大型の海軍部隊を送り込んできた。そこで第379連隊第5中隊に所属する護衛船5隻が船隊から離れ、近づいてきた国民党軍の艦艇に突っ込んだ。それぞれ長さ7メートルの木造船は、投降した国民党軍から奪った迫撃砲、ロケットランチャー、擲弾銃、梱包爆薬を携行した増援分隊を乗せていた。[*29] 隊員たちは自分たちの武器の射程内に入るために距離を縮めるしかなかった。敵の猛烈な砲撃に近づいても射撃を続け、見事な規律を保ち続けた。目標から約100メートルの地点で、部隊は最初の一斉射撃を行い、約70メートルの地点で再度一斉射撃を行なった。[*30] 損壊した国民党軍の艦艇は反転し逃走した。この交戦で護衛船3隻に乗船していた兵士45人が死亡した。[*31]

似たような戦闘は、水陸両用部隊が護衛船を残して上陸エリアまで前進することが決定されるまで約2時間続いた。護衛船が国民党軍艦艇をくぎ付けにしている間に、輸送船から部隊が脱出し上陸地点に向かう。風も戻り、輸送船がやっと塔市の岸に接近できたのは4月1日午前5時だった。輸送船は海岸沿いの国民党軍陣地からの砲弾の嵐に遭遇した。激しい砲撃の中、部隊は上陸した。最初の防衛線を突破すると、20日前に上陸していた第383連隊と瓊崖縦隊の一部が敵の後方を攻撃していた。これによって、国民党軍は二正面から脅かされることになり、抵抗は崩壊した。その後、共産党軍は仲間と合流して内陸部の拠点地区まで戦い抜いた。[*32]

海を渡っての攻撃は犠牲を伴うことが明らかだった。護衛船のうち4隻は、遭遇後の早い段階で国民党軍の艦艇をかわすために進路をそれ、敵の拠点である海口の近くに2個中隊が上陸した。国民党軍は集中砲火を浴びせた。陸、海、空からの激しい攻撃にさらされながら、部隊は2日間、必死に戦った。砲弾も食糧も尽き、ついには制圧されてしまった。[*33] 兵士18人だけがこの試練を切り抜けた。[*34]

2度海を渡る過程で、今回やそのほかの経験は、戦意の強固な敵と海と陸で対決する際、部隊の上陸には潜在的な犠牲の大きさが伴うことを示した。それぞれの航海の困難にもかかわらず、第40軍と第43軍は増強された2個大隊と1個大隊、2個連隊の約8000人が海を渡ることに成功した。4月初旬までに、第15兵団は海南島に1個師団に近い規模の前線部隊を配備し、本攻撃に備えた。

しかし、PLAの記録は、この局面における共産党軍の損害の規模を少なくしている可能性がある。ある中華民国の研究は、国民党軍によって3月17日に第383連隊と瓊崖縦隊の一部で約500人の死者が出たと記述している。[*35] 3月27日の玉包港近くで国民党軍が第352、第353両連隊と戦った際には、両連隊の約950人が殺害され、120人以上が負傷、171人ほどが捕虜になったとされる。[*36] 国民党の説明によると、4月1日に誤って海口の近くに上陸した2個中隊は粘り強く島の守備隊と戦った。しかし、殺害されることとの恐怖と巧みな国民党軍の心理戦によって多くの共産党軍兵士は投降した。*[37] このバージョン通りの出来事であれば、2個中隊はPLAの文献が描くように勇敢に抵抗したわけではなかった。2月中旬から4月15日の大規模な渡海攻撃の前夜まで、国民党軍は船舶197隻を沈め、約8000人の共産党軍兵士を殺害または捕獲したが、約1900人の侵入者を阻止できなかったとされる。*[38]

当時のある米中央情報局（CIA）の報告は、国民党軍のインテリジェンスをベースにしたとみられるが、共産党軍はおそらく正式なPLA史で描かれているよりも多くの損害を出したことが記録されている。1月末、国民党海軍は、北海、広西、安浦、広東の近くで傷んだ共産党軍の艦艇を急襲し、1隻の哨戒艇を海南島の東岸で拿捕した。2月初旬には1隻の国民党軍艦艇が北海近くで60隻以上の艦艇を沈めた。*[39] あるCIA報告書によると、1月はじめから2月下旬にかけて中華民国軍は122隻の船舶を破壊し、10隻を押収し、75人のPLA将校と人員を捕虜とした。*[40] 一方で別の筋は、3月5日の最初の水陸両用攻撃は「一部で成功」しただけだったと指摘した。海南島に上陸した2000人の兵隊のうち、300~400人だけが瓊崖縦隊と合流し、内陸部に逃れた。それ以外は殺害されたか負傷したか、捕虜になった。*[41] 1950年3月末にまとめられた複数のCIA報告書は、中華民国陸軍、海軍、空軍は、部隊と物資を海南島に運ぶジャンク船を攻撃し、沈め続けたと記録する。[42] あるケースでは、海南島の西岸で国民党軍の守備隊が１０００人の敵部隊を乗せたジャンク船10隻を撃退した。[43] ４月中旬の共産党軍による大規模侵攻の直前には、船団全体の離反に続いて、国民党軍が連隊の政治委員を含む１０００人を捕虜にしたとの報告もある。[44]

決定的な海峡横断（１９５０年４月16日～５月１日）

４月10日、共産党軍は最後の海峡横断攻撃に向けた指揮官会議を開いた。参加者たちは正面攻撃への全体計画を策定した。第40軍と第43軍は正面攻撃に全兵力を集中する。第40軍は、第１１９師団、第１１８師団第３５４連隊、第３５３連隊から２個大隊、第１２０師団第３５８連隊を招集する。第43軍は、第１２８師団第３８２、３８３連隊と、第３８４連隊の１個大隊を採用する。これら計２万５０００人が水陸両用上陸作戦の第１陣を編成する。第40軍率いる部隊は上陸地域の西側区域を担当し、第43軍は東側区域の前進を監督する。海口から約45キロの馬島港が西側区域と東側区域の間の大まかな境界線になっていた。[45] 共産党軍は、金門作戦と舟山作戦のように、一つの軍が別の軍隷下の部隊指揮を任された過去の失敗を明らかに学んでいた。[46]

第43軍率いる小部隊は第１陣に続く。援軍は、第３８０連隊、第３８１連隊の２個大隊、第384連隊から2個大隊、第385連隊、第386連隊の計2万人近くから編成される。瓊崖縦隊と、第40軍からの先遣部隊は西側区域に到着する第40軍部隊を支援、合流するために臨高に向かって進む。別の瓊崖のグループと第43軍の先遣部隊は同様に、東側区域の上陸部隊を支援するために北部に向かう。ほかの非正規部隊は国民党軍の移動を阻むために道路を寸断し、橋を爆破し、別の部隊は本攻撃から敵の関心をそらし、足止めするための陽動作戦を行った。

各区域で共産党軍は、敵軍の本体を横切って二分し、分断されたグループを包囲することによって、前線の防御を打ち破ることを目指した。これは、国民党軍の援軍を包囲された仲間がいる孤立地帯におびき寄せる狙いもあった。救出部隊が孤立地帯に近づくと、共産党軍は部隊を集結させて国民党軍を徐々に疲弊させる殲滅戦に持ち込むのだ。この作戦の考え方は、大陸での主要な戦闘で採用されたものを再現していた。

4月16日、共産党軍は本攻撃に踏み切った。雷州南岸にある鯉魚港の東側と西側に集まった部隊は約380隻の木造船と数少ないモーター駆動の船舶に乗船。[*47] 第40軍と第43軍の船団はそれぞれの港を午後7時半ごろに出港した。作戦規模の大きさから、共産党軍の出撃準備は国民党軍の目にも明らかだった。守備隊も準備していた。輸送船が海峡の半分を渡ったあたりで、国民党軍の艦艇と航空機が水陸両用部隊に攻撃を始めた。航空機に対して船上の部隊は小型武器で射撃し、艦艇には「火力護衛船」が対峙した。共産党軍艦艇の乗員たちは夜戦と接近戦を駆使して敵の技術的優位性を無効化しようとした。[*48] 大型艦艇の死角に入り込んで艦橋など重要な標的に向けて砲撃を集中した。3時間の交戦の後、木造船は国民党軍第3戦隊の旗艦、フリゲート艦「太康」に深刻なダメージを与えることに成功した。[*49]

4月17日の早朝、船団は封鎖を突破し、海南島の海岸に近づいた。[*50] 午前2〜4時に第43軍が玉包港と才芳港の間にある橋頭堡の確保に成功。その後に続いた第40軍も、午前3時半から6時の間に指定されていた西側区域の博鋪港近くの海岸に上陸した。事態は急速に展開した。第40軍が国民党軍の2個大隊を破り、要塞を次々に制圧し、高山嶺の戦略的高地を占領した。第40軍の別の部隊は臨高地区を包囲し、主力部隊は南下した。4月19日までに第40軍は、一連の包囲と殲滅戦を戦い抜いて約30キロ内陸に進入した。その間、第43軍は才芳嶺を占領して南進し、花場村を包囲した。

共産党軍に海口から西側と連携させないよう、国民党軍は福山を防衛するために部隊を急派した。新たに到着したPLA部隊と3月に上陸していた先遣隊が合流した連合軍は、近づいてきた増援部隊を撃破し、PLAの別の増援連隊が海岸から約15キロの福山を占領した。[*51] 3月に部隊を海南島内に潜伏させるという決断は用意周到で、結果として戦術的バランスは共産党軍が国民党軍を圧倒、または先手を打てるほどに変化した。

国民党軍司令部は慌てて5個師団を美亭と澄迈に派遣し、第43軍が福山から海口に東進するのを阻止しようとした。決定的な戦闘の好機になると感じ取った共産党軍は第40軍を澄迈に振り向け、第43軍を白蓮と美亭に送り、澄迈に向かう国民党軍の増援部隊を遮断し、殲滅するよう命令した。第43軍の3個連隊と1個大隊は、澄迈に向かう途中にある黄竹と美亭に到着し、態勢を整えた。軍の一部は同じ地域の高地に陣取った。4月20日朝、第43軍の2つの部隊は空軍力の支援を受けた国民党軍と激突。包囲されたため激しい交戦に発展した。

第40軍は21日朝、最初に澄邁《ちょうまい》に到着し、敵に包囲された第43軍を解放するために主力部隊を美亭《びてい》に送った。第40軍の部隊は2つに分かれ、東西から国民党軍の側面を逆に包囲し攻撃した。国民党軍の攻撃は行き詰まり、崩れ始めた。劣勢を悟った国民党軍は海口に大急ぎで後退した。国民党軍のある連隊は共産党軍の包囲網を打ち破ることができず全滅した。第40軍と第43軍は合流し追撃した。国民党軍の抵抗はすぐに崩壊した。23日、共産党軍は海口の郊外に入り、その日の朝に海口の中心部を占領した。その前日、国民党軍将軍の薛岳は海口を含む海南北部を放棄し、もっと防衛できる南部まで部隊を後退させるよう指示を出していた。*52 海南島最南端の楡林《ゆりん》に部隊の撤退に備えて海軍艦艇の派遣も要請していた。
23日夜、共産党軍は海口に向けて第2陣の攻撃を始めた。24日午前1時から4時の間、海口の西方、天尾港沿いに部隊が次々と上陸した。全部隊が岸に集結すると、力のバランスは劇的に共産党軍に有利になった。国民党軍の士気と戦力の低下を察知した第15兵団は残存する敵部隊を追撃、捜索、撃滅するために全面攻撃を始めた。海口防衛のための2個連隊を置いて、残りの部隊は総攻撃に回った。国民党軍の退路を海上で断つため、南部の主要な港に部隊が急行した。第40軍と第43軍に加え、瓊崖縦隊の一部による連合部隊は東海岸を突き進み楡林に到達した。第43軍の別の部隊は島の真ん中を突っ切って南西海岸の北黎と八所に向かい、第40軍の増援大隊も同じ目的地に向かった。[*53]
共産党軍は三方面から南下し、弱体化した国民党軍の守備隊を早々に突破し、島から脱出しようとする人たちを捕らえた。ある部隊は降伏した敵部隊から奪い取った40台の車両で楡林に向かった。5月1日までに、共産党軍は海南島全島を制圧した。約2カ月の間、共産党軍は2万5000人近い捕虜を含む5個連隊約3万3000人を粉砕した。中華民国海軍は約5万人を海南島から台湾に退避させた。[*54] 481門の大砲、4機の航空機、7台の戦車と装甲兵員輸送車、140台の車両を含む国民党軍の装備は共産党軍の手に落ちた。作戦期間中、共産党軍は2機の航空機を撃墜し、1隻の艦船を沈め、その他の船舶5

隻に損害を与えた[55]。一方で第15兵団の約4500人が死亡または行方不明になった[56]。

第4野戦軍の正史は、作戦の成功として四つの要因を挙げる。まず、第15兵団が中央軍事委員会と第4野戦軍指導部と、大規模な水陸両用作戦の時期、規模、輸送方法、戦術といった重要な課題について緊密に調整し相談したこと。二つ目は、現地の指揮官たちが攻撃を緻密に準備したこと。彼らは、船や船員を集め、部隊を洗脳し、そして海を渡る訓練に多大な時間と資源を投じた。三つ目は、PLAの作戦立案者たちは気候、潮流、地理的・気象的条件、上陸地域、国民党軍の長所と短所、海南島の地元住民など、すべての要因を慎重に評価した。同時に、彼らは部隊の指揮統制を最大化し、指揮統一を確保し、水上部隊の単独の作戦能力と上陸能力を向上させるために自分たちを詳しく研究した。最後に、彼らは、船、熟練した船員、物資、そして食糧といった重要資源を地元住民に頼った。何よりも、海南島の瓊崖縦隊が軍事バランスの転換に不可欠だったことを証明した。実際、先住民の反乱軍こそが国民党軍の兵力の半分近くの動きを封じた[57]。

ある国民党の説は、勝利は共産党軍の優れた戦略によるものだけではなく、国民党が致命的に弱かったことに大いに起因していたかもしれないと指摘している。記録では、海南防衛司令部は海軍と空軍の兵員を含めて部隊16万人を誇っていた。しかし、薛岳将軍の指揮下にあった5つの兵団と3つの師団は深刻な人員不足状態だった。後の現地調査で、薛にはわずか7万～8万人という公式の数字の半分ほどの兵士しかいなかったかもしれなかったことがわかった。国民党守備隊は古い装備で武装していた。十分な弾薬、代替部品、医療用品、そして重火器が不足していた。アメリカの支援が止まったことも物質的な困窮に拍車をかけていた。国民党軍の主力部隊は戦端が伸びすぎて、台湾と舟山、そして海南島の間で分断されてしまった。増援や資源の再配分が来るはずもなかった。*58 こうした状況で、共産党軍が総攻撃を一旦開始すれば、国民党軍の抵抗がかなり早く、完全なまでに崩壊するのはおそらく必然的だった。

万山作戦（1950年5月25日～8月4日）

万山諸島は香港のランタオ（大嶼山）島の南約10海里、珠海の南東にある。48の島と岩礁からなる群島は、中国南部の海上貿易の中心地である珠江の入り江の重要な航路にまたがって位置している。また、島々は主要な経済ハブである広州の重要な入り口を囲んでおり、共産中国の海上貿易の玄関口、あるいは防壁になり得た。

本土で敗北した国民党軍の一部は1949年12月に万山諸島に撤退した。国民党軍上層部は万山諸島を拠点にして、近接する共産党軍や沿岸の目標に反撃することを決めた。国民党軍は拉圾尾島（現在の桂山島）に司令部を設置し、海兵大隊、武装漁船団、第3戦隊

地図6.2 万山群島作戦　1950年5月 - 8月

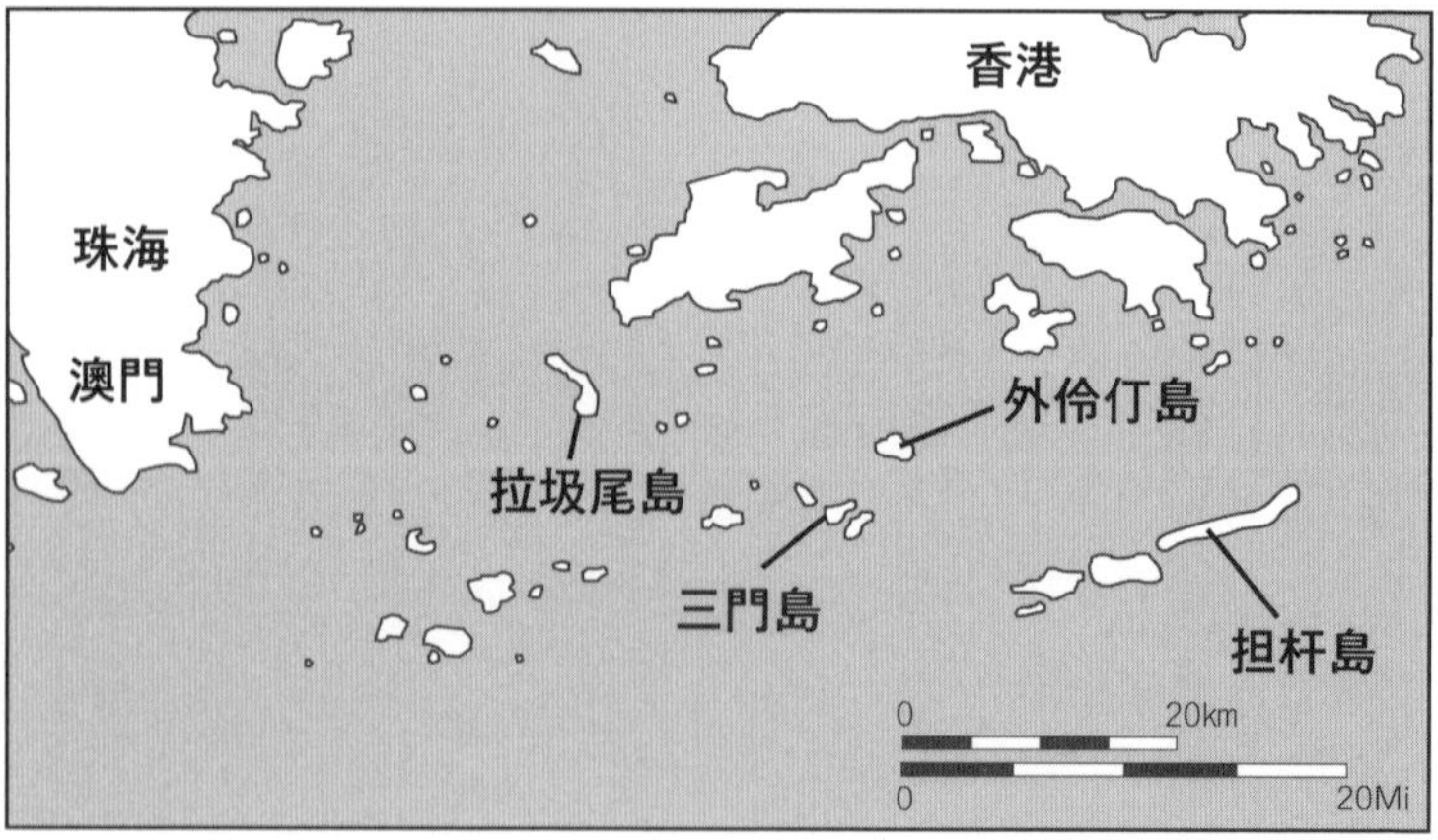

から集められた海軍戦闘員を監督し、海軍は珠江デルタの周辺で海上交通を封鎖して台湾と海南島を結ぶ航路を守った。また、広東沿岸での妨害作戦も行った。[*59]

1950年5月に海南島が陥落した後、国民党軍は海軍兵、陸軍1個大隊、海南島から避難してきた4個中隊、現地の民兵計約3000人を追加して守備隊を強化した。国民党軍の船団はフリゲート、掃海艇、上陸用舟艇の約30隻だった。[*60] 島々に拠点を置く部隊は、近接する海の封鎖や、地元民の漁業や海上貿易の妨害、本土で攪乱攻撃を行うのに適した場所に位置していた。

地域の安全や経済の回復に対する国民党の潜在的脅威を認識した毛沢東は、「玄関口を一掃するために力を集中」する時期だと決断。[*61] 中央軍事委員会と第4野戦軍は第15兵団広東軍区江防司令部に作戦を監督するよう指示した。その作戦は異なる任務や地域、指揮系統から集められた部隊によって行われることとなった。

第15兵団は、百戦錬磨の第44軍第392連隊と第393連隊に戦闘の先陣を切ることを命じた。加えて、合同統合部隊には、29人の戦闘員からなる江防司令部傘下の海軍部隊、珠江軍小区の砲兵連隊、南中軍区の砲兵中隊、第50軍の砲兵中隊、第130師団の砲兵中隊、計約1万人が投入された。[*62]

陸軍と海軍の合同チームは、最速で力を集中して上陸作戦に備え、先手を打って強襲攻撃することを決めた。海軍の主要任務は敵艦を攻撃し、陸軍部隊を輸送・上陸させ、シーレーンを防衛することだった。[*63] 具体的には、海軍の船団が先陣を切って夜間に航行して相手陣営で敵部隊に奇襲をかけ、夜間の接近戦を行いながら、水陸両用攻撃部隊の侵攻を覆い隠すというものだった。[*64] これらの奇襲によって共産党軍は島を掌握し、その島を拠点にして次の島を奪取することを想定していた。

作戦上の指示は明確だったが、共産党軍が計画を実施できるかどうかは単純な話ではなかった。江防司令部の海軍が保有する航海に適した艦艇は、お粗末ながらわずか一握りだった。水上戦闘艦に数えられるのは2隻で、火砲2門を装備した第2次大戦時代にアメリカで造られた歩兵揚陸艦（358トン）と、第1次大戦期に建造された、非武装の英国製の揚陸艦だった。これらの艦艇に加え、5隻の砲艦と9隻の小型上陸用舟艇が特別部隊を編成することになった。[*65] ほとんどの将校は陸軍からの招集で、元国民党海軍の人員が兵力の一部を構成した。ここでも、海を一度も見たことがない歩兵が多くいた。1950年5月8日、攻撃部隊のあらゆる要員が、珠江の入り江の西岸にある珠海の北にある中山に集合した。そこから2週間にわたって、作戦に向けた計画、準備、訓練が行われた。[*66]

5月25日未明、部隊は珠海の北の唐家湾を出発し、国民党軍の主要拠点の拉圾尾島に向かった。江防司令部は水陸両用攻撃部隊を、停泊中の敵艦を攻撃する「火力船隊」と、部隊を上陸させる輸送船団に分けた。[*67] 火力船隊は二手に分かれて、拉圾尾沖に停泊中の国民党軍艦艇を足止めし、もう一方で輸送船団は青州島と拉圾尾から6海里西方にある三角島に部隊を上陸させる。この2つの島を東方攻撃の出発点とした。

作戦の出足はよくなかった。航海の経験不足と貧弱な通信機器のせいで、2つのグループはわずか20海里の航行距離にもかかわらず、相互に連絡がつかなくなってしまった。それぞれが相互支援の恩恵を受けることもなく、自力で進まなくてはならなかった。さらに悪いことに、護衛を先導する砲艇「解放」が夜明け前にほかの艦艇よりも先に拉圾尾の馬湾港に着いてしまった。30数隻の国民党軍の艦艇が停泊していたが、運良く発見されることなく港に滑り込んだ。28トンの「解放」は1240トンの国民党軍の旗艦、護衛艦「太和」に約100メートルまで近づいて攻撃した。国民党軍は完全に不意打ちをくらった。続く衝突で劣勢に立たされた「解放」は、19人の乗組員のうち13人が負傷し、大損害を受けた。敵の砲撃で砲を失った後、艦艇は退却した。[*68]

戦闘が始まると、共産党軍の揚陸艦「桂山」は「解放」に追いついて馬湾港に入港した。艦長は国民党軍艦艇が港から逃走するのを阻止するため、湾口で待ち受けることにした。ところが一夜明けて、国民党の守備隊は自分たちが戦っていたのは2隻の小型艦艇だけだったことを知り、「解放」と「桂山」に砲撃を浴びせた。[*69]「解放」は逃れることができたが、「桂山」は運がなかった。船体と甲板に何度も砲弾を受けて、船は炎上し浸水し始めた。艦長は死亡し、半分以上の乗組員が死亡または負傷したものの、船は方向転換し、拉圾尾の釣庭湾に乗り上げた。残された部隊は島を襲撃するしかなかった。血みどろの絶望的な攻撃を行い、最後の一人も殺された。[*70]

その間、拉圾尾の東の海域では、砲艦「先峰」と「奮闘」が2隻の哨戒艇に遭遇し接近戦になっていた。至近距離で「先峰」の乗組員が国民党軍の艦艇に手榴弾を投げ込み、敵艦に乗り移って銃剣を持って素手で戦った。[*71]国民党軍はすぐに降伏した。逃走しようとした艦艇にも「奮闘」が追いつき撃沈した。

馬湾港での最初の奇襲攻撃とその後の戦闘で、国民党軍は驚くほどの犠牲を払うことになった。「太和」や水陸両用攻撃艦、掃海艇を含む主要な艦艇が深刻な損害を受けた。1隻の砲艦は沈没し、ほぼほかの艦艇もダメージを受けた。戦闘の混乱の中で、国民党軍の艦艇は拉圾尾から撤退して修理のため台湾に向かった。しかしながら、戦術的な結果は、PLAの記録ほど一方に偏ったものではなかったかもしれない。というのも、CIAの報告によると、国民党軍は最初の戦いで、敵軍200人を捕虜とし、1隻の汽船を捕獲、そして9隻の砲艦を沈没させていた。[*72]

万山諸島の西部と中部の海域はほぼ無抵抗だったので、共産党軍は島々を占領し始めた。作戦開始の日、水陸両用強襲揚陸艦が青州島と三角島への上陸を成功させたため、国民党軍は陣地を維持できなくなった。実際、5月26日から28日にかけて、拉圾尾島、大蜘洲島、小蜘洲島、大頭州島、赫灘島が相次いで陥落していた。

共産党軍は徐々に国民党軍の陣地を侵食していったことから、敵の反撃をかわすことができた。5月29日に国民党軍のピケット船（哨戒艇）に遭遇した際、共産党軍の揚陸艦509号は山砲を敵艦に撃ち込み、撤退させた。翌日には4隻の国民党軍艦艇が西から三角島に接近し、共産党軍陣地を攻撃し始めた。防衛する側は敵艦が岸から2海里まで近づくのを待って一斉攻撃を放ち、3隻の戦闘艦に損害を与えた。5月31日に、共産党軍は増援小隊をすでに占領した東澳島に上陸させた。5日後に大万山島、小万山島、白瀝島、竹洲島、横州島が水陸両用攻撃で陥落。6月10日には2個小隊が隘州島に上陸し占領した。

　こうした共産党軍の前進は、国民党軍を拉圾尾の東10海里にある外伶仃島と、最後の防衛線にある担杆島にまで後退させた。国民党軍はまた、打ちのめされた第3海戦隊の位置に第1海戦隊を派遣し、駆逐艦1隻、フリゲート2隻、揚陸艦2隻、掃海艇4隻、複数の砲艦を含め、10隻の水上戦闘艦で構成される大規模部隊を投入した。これらの艦艇は共産党軍を洋上での戦闘に誘い込もうとしたが成功しなかった。また、彼らはすでに占領された島々の敵陣を砲撃すると共に、島々を行き来して補給と増援に向かう輸送船を妨害した。

　6月前半、共産党軍は作戦を休止し、部隊再編と拉圾尾島攻撃での指揮統一の難しさといった直近の戦闘からの教訓の洗い出しを行った。作戦の次の段階で連携の向上を確実にするため、指導部は歩兵、砲兵、海軍部隊に統一した指揮を与えられる暫定的な合同組織を立ち上げた。[*73] この小休止の間、現地指揮官たちは隘州島と蜘洲島に国民党軍のパトロールのパターンを見極めるための観測所を設置した。また、国民党軍の妨害に対応するため、江防司令部は3隻の水陸両用強襲揚陸艦、上陸用舟艇、はしけ、タグボートからなる新たな船団を編成した。司令部はすべての艦艇に陸軍の砲を搭載し、海上用の移動砲台に改造した。最も型破りだったのはタグボートが大砲の部品を大量に積んだはしけを引っ張る役を担ったことだった。

共産党軍は次の動きへの準備を整えた。6月27日夜に船団は静かに隘州島から、東に4海里弱、ちょうど外伶仃島の南3海里超のところにある無人の三門島に向かった。艦艇は夜陰に紛れて歩兵・砲兵部隊を上陸させ、部隊は戦闘のポジションを取った。地上部隊は夜通しで射撃態勢を整えた。国民党軍は自分たちを待ち受けるこうした隠密裡の動きと罠に気づいていなかった。

翌朝、国民党軍の掃海艇が三門島へ定期パトロールに向かうと、共産党軍は攻撃を開始した。三門島の大砲が接近する艦船に向かって一斉攻撃してダメージを与えた。同時に、上陸用舟艇とはしけは、外伶仃島沖で停泊する船舶に集中砲火を浴びせた。この攻撃で砲艦1隻が沈没し、ほかの2隻が損害を負った。国民党軍は即、掃海艇を援護するために残りの船団を投入。共産党軍は敵の特別部隊が自分たちの海上、陸上火力の射程に入るのを待って、同時に砲撃を開始した。島とはしけからの砲撃は国民党軍を完全に驚かせた。陸上砲兵の援護を受けながら、共産党軍は間に合わせの艦艇を操って5時間の戦いをしのぎ、国民党軍の砲艦1隻を沈め、掃海艇とほかの砲艦に損害を与えた。敵船団の主力だった駆逐艦でさえ被弾して死傷者を出した。[*74]

国民党軍はついに万山諸島周辺海域で戦うことを諦め、台湾に撤退した。外伶仃島は7

月1日に陥落した。1カ月後に共産党軍は担杆島と万山群島の東の防衛線にある佳蓬島を占領した。8月4日には地上部隊がさらに南へ進み、直湾島、北尖島、廟湾島に上陸。その3日後、共産党軍は最後の島となる蚊尾洲島を占領し、万山作戦は終わった。

75日間続いた苦闘は、PLAの最初の海戦であり、共同作戦だった。艦艇4隻を撃沈、船艇11隻に損害を与え、艦艇11隻と約200人を捕虜に取ったが、700人以上の自軍の死傷者を出した。作戦は南シナ海での国民党軍の足場を消した。陸から離れた海上でそれほど戦歴のない共産党軍にとってこの作戦は重要な実績となった。最初に占領した西の島から、最後の東の島までの距離は約34海里だった。共産党軍は、海を渡って敵の拠点を奪取しなければならなかっただけでなく、占領した島を維持しながら占領部隊に補給もしなければならなかった。彼らは、海上で物理的、技術的に勝る敵と海上戦域で島から島へと戦う作戦を展開したのだった。

圧巻の戦績

林彪の第4野戦軍は、第3野戦軍の低いレベルのパフォーマンスと比較すると立派に振る舞った。これにはいくつかの重要な要因が作戦に寄与していた。金門島の惨事の後ということもあって、毛沢東は個人的に海南作戦の成功に投資していた。リスクは高かったが、野戦軍は成功させなければならないという強いプレッシャーにさらされていた。林と部下の指揮官たちは作戦を入念に議論し準備した。彼らは、自分たちの軍と国民党軍の長所と短所を慎重に考え抜いた冷静な評価分析をベースに作戦計画を策定した。島に部隊を事前に侵入させて、瓊崖反乱軍と連携する計画が本攻撃の成功に欠かせなかったことが証明された。共産党軍は時間と資源を使って上陸部隊を訓練・装備し、その先の任務のことを考えて十分な規模の輸送船団を確保した。大規模になる任務を支えるために、後方支援のインフラとサプライチェーンの構築・強化のための努力を惜しまなかった。金門の衝撃と惨事からの教訓が間違いなく影響したのは、作戦のデザインと遂行だった。だが、たとえそうであっても、戦術的な行動には接戦もあり、島に内通者として活動する第5列がいなければ大惨事に終わっていたかもしれない。万山作戦の初期の敗北にもかかわらず、共産党軍部隊の陸海合同チームは着実に前進することができた。作戦を一時休止して状況を見直し、占領した島での新たな状況に適応していたが、これは本土の本拠地から離れていながらにして補給と作戦を維持する能力が向上していたことを示していた。これらの作戦を成功させるために行われた学びと適応は、国民党軍との将来的な遭遇で役立つだろう。

第7章　人民解放軍の海洋進出の評価

18カ月にわたり、人民解放軍（PLA）が一連のオフショア作戦を展開する間に、毛沢東と彼の部下たちは独立した戦略レベルの海軍を立ち上げた。新しい海軍の設立を目指す中で、共産党軍は物資、人員、知識の面で気が遠くなるような課題に直面した。張愛萍、蕭勁光ら中国人民解放軍海軍創設者たちは、難題を解決する斬新な方法と、信じがたいほどの困難を克服する解決策を考え出した。とりわけ、敵だった元国民党軍を海軍幹部に統合する取り組みが反映したのは、革命後の歴史の重要な時期における共産党の極度の困窮ぶりだった。

作戦面では、PLAが行った島嶼占領作戦は規模、激しさ、複雑さにおいて多様だった。海南島のように上陸作戦が見事に成功したものもあれば、金門島のような作戦は壊滅的な失敗だった。戦略・計画・準備の質と作戦技術が結果を左右した。どの戦争にも必ずある偶然のいたずらもまた、PLAの戦場でのパフォーマンスに影響した。今日、中国のアナリストたちはこれらの初期の水陸両用攻撃から教訓を引き出し、台湾をめぐって現実世界で起こりうる状況に対して教訓を適用し続けている。本章ではこれまで見た主要なテーマと研究結果を総合する。

組織の評価

中国海軍創設の歴史からはいくつかのテーマが浮かび上がる。海軍は後知恵ではなかった。最初から台湾や沖合の島々に残る国民党軍を撃破し、最終的に国共内戦を終わらせることを意図した戦略的な計画だった。最高レベルの権力者は海軍力について、複数の極めて重要な決断を行った。これらの決断のタイミングは、中国共産党の内戦に関する評価に影響された。つまり、国民党軍の海への退却が内戦の性格を海上戦に変えることが明らかになるにつれ、海軍力と空軍力の獲得が喫緊の優先事項となったのだ。重要な局面で毛沢東は中国共産党の意図を示す重要な役割を果たし、彼の公の場での宣言が海軍建設への刺激となった。1949年8月に毛が元国民党軍人らと会談したことは、さらなる協力を可能にする和解のジェスチャーだった。朝鮮戦争の勃発が台湾海峡における作戦を中断していなければ、海軍増強がどのような経過をたどったかは熟考に値する。

敗北した国民党軍のハードウエアとソフトウエアが内戦の勝者に渡ったことで、共産党軍は恩恵を被った。投降者と反乱者は国民党の抵抗勢力の崩壊を加速させただけでなく、勝者側に艦艇、将校、乗組員を提供することになった。渡河作戦の後、海運業と海運活動の中心である揚子江沿いと上海周辺の陸上施設と人員は共産党軍の手に落ちた。第2戦隊の艦艇部隊とあらゆる国民党軍の資産が人民解放軍海軍の中核を形成するにいたった。中国共産党は中古の海軍と共存し、それを土台にするしかなかったのだ。

ところが、国民党軍の影響が最も顕著に表れたのは教育、経験、技術的専門知識、組織に蓄積された記憶、海軍文化を含むソフトウエアの分野だった。国民党軍将校は部隊、華東海軍、そして後の中国海軍で重要な役職に就いた。教育、戦力構成、近代化に関する重要な決断は彼らが下し、彼らが人民解放軍海軍（PLAN）の艦艇を最初に指揮した。実際、中国共産党は中華民国軍の艦長、元副長、元部門長を新海軍で同じ身分と職務にあてた。3分の1の将校と乗組員は元国民党軍人だった。[*1] 彼らの多くがPLANを率いて活躍した。新海軍では少数だったにもかかわらず、国民党軍はこの形成期において非常に大きな影響力を持っていた。ある研究は、1955年末の段階で、元国民党海軍の人員はPLANの18万8000人中わずか2・1％、約4000人に過ぎなかったと推計する。[*2]

敗れた国民党軍の知的貢献は注目に値するものだった。張愛萍、蕭勁光の両者は、元国民党軍将校の忠誠心と彼らが西側で受けた教育について絶えず疑念を持っていたにもかかわらず、彼らの専門知識を歓迎した。張は、英国、米国、日本で訓練を受け、最も知識と経験が豊富な彼らに繰り返し助言を求め、調査、教育、造船で重要な役職に抜擢した。蕭も張の例にならって、自分の研究委員会をつくり、華東軍区の張のチームからメンバーを引き抜いた。このチームは、ソ連の顧問団が第一であることを踏まえ、茶目っ気をこめて「第二顧問団」と呼ばれ、西側海軍に関する見識を提供し、米海軍に関する重要なインテリジェンスを伝えた。

物資面も知的側面も貧しかったことで、海軍指揮官たちは実用主義と中国共産党のイデオロギー的義務の間でバランスをとることを余儀なくされた。海軍に関する事柄は中国共産党の政治的優位が初めから確立されていたが、張と蕭は、党への忠誠心と共に専門知識が役割を果たすようにした。共産党軍幹部と元国民党幹部の間に文化的、知的、そしてイデオロギー的な大きな溝があったにもかかわらず、かつての敵同士の統合を進めた。報復ではなく和解を選ぶのは容易ではなかった。有害な外来ウイルスを攻撃する抗体を作る免疫システムのように、イデオロギー的不純物が中国共産党と軍を汚染しかねないとの恐怖から、元国民党軍を攻撃する共産党軍幹部もいた。張は統合の努力を続けるために、そのような反応を和らげることに奮闘した。

また、物資不足は即席の対応を強いた。生き残った国民党海軍はすでに最良の艦艇などを台湾に引き揚げていた。共産党軍に残されたのは、品質にムラがあり、堪航性にも疑問のある様々な艦艇だった。艦艇が欲しくてたまらない共産党軍は、民間部門も含めて現存するリソースを集めて急場をしのいだ。華東海軍は水陸両用艦艇や、商船や漁船までも改良して火砲を装備した。このような即席の対応はPLANの下でも続き、その後の1950年8月の海軍建軍会議で成文化されることとなる。将校と乗組員の総力を引き出すため、共産党軍が教育と訓練で大胆な便法をとったことはソ連の顧問団を呆れさせた。

しかし、現在のPLANの歴史に関して、いまも払拭できない疑問が残る。共産党軍が国民党軍と和解しようとしたと示唆する文献もあるが、内戦を過去のものにしようとする取り組みは物語以上にはるかに議論を呼んだ可能性がある。どの程度、国民党軍が協力を強要されたかは明らかでない。例えば、第2戦隊の命運をめぐる劉伯承と林遵のクライマックスの会談は友好的ではなかったかもしれない。これらの寛大なジェスチャーは、共産党軍が必要な間だけ、国民党軍の協力を得るためのマキャベリ的な都合の良いやり方だったのだろう。それは共産党軍が数十年にわたって採用してきた統一戦線戦略と一致する。

実際、1949年4月〜1951年2月の張の在任期間に、毛沢東が元国民党軍を含む人民に対して次第に強化されていくイデオロギー戦を開始していたことは注目に値する。[*3]

さらに、朝鮮戦争は元国民党軍の忠誠に対する疑念や、台湾の国民党に支援された反政府勢力への懸念を強めた。文化大革命にいたる一連の反革命運動は元国民党軍には厳しいものだったとみられる。元国民党軍将校や乗組員から共産党軍幹部に伝承するために、張と蕭が努力し、苦労して得た経験、教訓、専門知識が、その後の混乱期をどの程度生き延びたかはわからない。

文献はまた、元国民党軍の貢献を際立たせている一方で、意図的にPLANを支援したソ連の重要な役割を過小評価しているようにみえる。本研究で調査した多くの記録はソ連の顧問の存在について軽く触れるか、嫌々言及している。PLANが中国起源であることを強調するのは国家の姿勢の変化の産物かもしれない。というのも、この20年間、PLANは中国国内の造船所で建造したバランスのとれた艦隊を投入してきた。いまやソ連や、後のロシアの技術と援助に強く依存していたのは遠い過去のことだ。中国は外国の援助なしに海上戦力で独立した進路を決められると自信をつけてきたことが、ソ連の支援を過小評価する理由なのかもしれない。

一方、元国民党軍の共産党軍への統合に関する記録は、近年のさらに複雑で相互依存的な台湾との関係を反映しているのかもしれない。２００8年から２０１6年の中華民国の総統、馬英九の在任期間中、両岸関係は一時的な雪解けをみた。この期間は大陸で国民党に対してそれほど反射的に敵意をむき出しにしない国民感情が生まれた。一時的ではあったが、中国国内の台湾に対する世論の態度が軟化したことが、国民党との和解努力を改めて伝えることを可能にしたのではないだろうか。別の言葉で言えば、ＰＬＡの記録は出来事の正確な復元と同様に、北京の現在の世界観と政治課題に関係しているのかもしれない。

潜在的な分析面でのねじ曲げがあるにせよ、これらの歴史は中国の海軍力をめぐる長年にわたる常識に挑戦するものだ。前述した物語は、共産党は初期の頃、海に無頓着だったと西側で当然のように考えられていたことに反論するものである。ＰＬＡ指導層は中華人民共和国創設の10ヵ月前に海軍を建軍する指示を出していた。毛沢東は内戦を終結し、中国の長い海岸線と内陸の河川を敵対勢力の略奪から守るためにも海上戦力が不可欠であることを理解していた。毛は個人的に人事に介入して張と蕭を抜擢し、海軍の命運をめぐって中央軍事委員会と総参謀本部の方針を覆すことに貢献する一方で、海軍は独立した戦略的な軍として考えなければならないとする蕭の立場を支持した。

かつての西側の見方に反して、ソ連は中国の海軍思想への影響を独占したわけではなかった。共産党軍の機械的なインテリたちも考えることなしにソ連の教義やハードウエアを取り入れたり、拝借したりしたわけではなかった。張と蕭は海軍を中国独特の状況に順応させた。彼らはドクトリン、戦力構成、教育、訓練では中国のやり方にこだわった。蕭はPLANの目的と計画を決めるにあたり、PLAの戦略と作戦の伝統の優位性を繰り返し強調した。張の指示に従って、蕭は元国民党軍幹部を艦隊と司令部の権威ある立場に任命し、PLANの方向性に直接関与する役割を与えた。つまり、外国と自国双方の知的影響力のかけ合わせがPLANの最初の数年間を形作ったのだ。

共産党・国民党の協力は、いまにも崩れそうな海軍を最大限活用するために次々と独創的な問題解決を可能にした。とりわけ、商船と漁船の徴用は海上戦力における民間と軍の統合がPLANの初期に遡ることを示唆している。この歴史に照らせば、中国が近年、海軍艦艇と(文民による)海上法執行船の合同船団をシームレスに動かすことに長けているのは驚くべきことではないのかもしれない。

作戦評価

PLAは非常に多様なオフショア作戦を実施した。上陸作戦の規模や物理的な地形は大きく異なっていたし、作戦目標は、小さな島嶼から中国にとって台湾に次ぐ主要な海南島まで多岐にわたった。部隊の規模も作戦によって違った。歩兵数百人の1個大隊が灘滸山島を占領し、その一方で最後の海南島上陸作戦には兵員4万5000人に加え、瓊州海峡を渡って潜入していた8000人の先遣部隊も参戦した。

また、方法と戦術も様々だった。廈門作戦では、第10兵団が鼓浪嶼と金門島の北部に対して陽動攻撃を行い、国民党軍の注意と部隊を北部海岸への本攻撃から引き離した。金門作戦は砂浜での正面攻撃だった。大陳島に対する計画は中止されたが、実行されれば直接攻撃になっていただろう。舟山作戦は、本土に近い二次的な目標を順次攻略し、最大の目標を最後に目指す順番だった。同様に、上海南海岸の島嶼上陸作戦は国民党軍の防衛網を一口大で奪うように設計された。披山島作戦と万山島作戦は陸・海が連携した共同作戦として注目された。

結果はかなり多様だった。金門島と登歩島は明らかに敗北だった。前者は最高司令部が台湾侵攻に関する計算を変えたことからも、その結果は相当の戦略的インパクトを与えた。後者は舟山島攻略の追求を中止させた。国民党軍の援軍と陣地を守るという決意が共産党軍の足を止めたのだ。また、勝利に見えても実のところは、海上でPLAが直面した致命的な問題を覆い隠した。平潭島への攻撃では、海峡をわたって上陸を目指した第10兵団の最初の襲撃は失敗しかけた。廈門作戦で鼓浪嶼に対して行った陽動攻撃は壊滅的な損害を被った。平潭島と鼓浪嶼での出来事は、金門島で起こる惨事の警告サインだったのだ。

多くの成功物語は紙一重だった。大陳島の守備隊への奇襲計画が頓挫したことが代わりに披山攻撃につながったこともあった。部隊の調整は天気と潮流に左右されることから常に難行した。海南島に部隊を潜入させる作戦では、散り散りになった船団はやっとのことで岸にたどり着いた。平潭作戦は、往生した部隊が大練島の海岸で撃破されていたら失敗に終わっていたかもしれない。要するに、多くの作戦は、運あるいは共産党軍の戦意次第であり、金門島や登歩島のように簡単に終わっていた可能性があるということだ。

作戦には重要な特徴が共通していた。これらの共通項はPLAの戦闘の伝統と、それに関連して共産党の装備の遅れに端を発している。本研究が対象とする期間中、国民党軍は優れた兵器を持ち、共産党軍艦船の航行を阻止できる海軍と空軍を投入していた。対照的にPLAは空と海からの敵に対抗する手段をほとんど持っていなかった。この力の非対称性に対応するため、PLA指導者たちは全体として戦略的劣勢な立場で戦いながら、戦闘の現場では戦術的優位性を発揮した。つまり、最初に守りの薄い守備拠点、または孤立した島の前哨基地を圧倒的な力で攻撃した。現地の軍事バランスのミスマッチは、PLAが敵陣地を粉砕し、経験を積み、自信をつけ、敵の力を削ぐことを可能にした。中国軍指揮官らは明らかに、共産党軍が国民党軍に戦略的に劣っていた内戦初期の毛沢東にならって行動していた。

張愛萍は華東海軍の最初の海上攻撃で、本土に近い小さな島の守備隊に対し、数で勝る部隊ですばやく勝利を確実にしてから、その後の野心的なオフショア作戦を命令した。同様に、第3野戦軍の舟山作戦ではまじめに、守備隊を圧倒する大勢の兵を使って至近距離の大樹島と金塘島を攻撃した。第4野戦軍の最初の潜入作戦は、敵の前線のかなり後方にある守りの手薄な海岸の上陸地点に向けられた。先遣部隊の投入が軍事バランスを共産党軍に有利に変えることに一役買った一方、このような回りくどいアプローチは成功の可能性を高めた。

必要に迫られた共産党軍は、敵の海空優勢を無効にはできなくても最小限にする計画を考えた。カムフラージュ、分散、欺瞞を駆使して、部隊の乗船場所と輸送船の出航時間に関する敵のインテリジェンスを遮断した。すべての艦艇は発見されることを避け、守備隊に対する奇襲を最大化するため夜間に航行した。ある時は悪天候が国民党空軍を舟山に足止めしたことで、共産党軍が有利になったこともあった。先述の通り、PLAは廈門に対する主攻撃から敵の注目をそらすため、戦術的な陽動作戦を実施している。あるいは、海南島の場合、艦艇は敵の拠点の背後にある守備の弱い地域まで航行し、部隊を上陸させた。しかし、夜間に海峡を渡ることはしばしば船同士の通信と航行の犠牲を伴い、部隊の指揮系統を複雑にした。

戦闘において現地指揮官らは自分たちの弱さを強みに変えようとした。彼らの船は常に国民党軍のものよりはるかに小さく、機動力のある火力を備えているものはほとんどなかった。重量と攻撃力の欠如を補うため、彼らは船の敏捷性を活かして、敵艦に接近して小火器武器で砲撃した。この戦術によって、船は敵の盲点になる艦砲の射程のかなり内側に入り込んだことから、敵は艦砲が使えなくなった。敵艦に乗り込んだ共産党軍部隊は、艦橋や上級将校といった重要目標に砲撃と手榴弾を浴びせ、艦艇をノックアウトした。一例を挙げると、万山作戦で共産党軍は拉圾尾島に停泊中の国民党軍艦を奇襲しようとしたことがあった。戦術的な遭遇戦は失敗だったが、この心理的なショックで国民党軍は撤退を余儀なくされ、ＰＬＡにさらなる進撃の道を開いた。この戦闘は中国の海軍史で好意的に記憶されている。

共産党は明確に戦闘と士気の関係を理解していた。最初は控えめな目標から順次攻略するという張の計画と、大規模な舟山作戦における最初の攻撃で第7兵団が大樹島を占領したことは、単に部隊の水陸両用上陸のスキルを試すためではなかった。指導層は初期の成功によって将校や兵士の、その後のより困難な行動に対する自信につながると確信していた。同様に、海南島では敵の防衛線の背後に部隊を滑り込ませようとしたが、これは現場の軍事バランスを共産党軍に有利にすることだけが狙いではなく、もし成功すれば士気が高まるかどうかをみるための観測気球でもあった。この判断は正しかった。大陳島の守備隊が難攻不落だった時、張は作戦上の機運と士気を維持するために、海軍船団は披山島を攻略せねばならないと主張した。その関連では、ＰＬＡは道徳的要素が力の物質的非対称を克服すると信じ、はるかに弱い海軍部隊を国民党海軍と戦わせた。装備が整っている国民党軍艦艇に対する正面攻撃は自殺行為に等しく、兵員は死亡し船が沈没していることからも代償が十分に大きいことは証明されている。しかし、万山作戦では心理的優位性が優り、国民党軍に衝撃を与えたことから戦闘の結果には有益だった。

ＰＬＡはすべてのオフショア作戦で人民戦争のドクトリンの要素を盛り込んだ。各作戦の成功のため、共産党軍は地元社会の協力を得る必要があった。ジャンク船とその操縦のための乗組員を獲得するために地元の支持を取り付けなければならなかった。海南島での人々の支援の規模は大きく、最終攻撃には約２０００隻の船と６０００人の船員が参加した。等しく重要なのは、住民たちが独特の地形や気象状況、地域の海流について知見と知識を提供してくれたことだった。こうした情報は、第22軍が悪天候にも関わらず金塘島攻撃のタイミングで賭けに出たことや、華東海軍による披山島への攻撃を実行可能にした。共産党軍が過去に繰り返し学んだように、地元住民の人心をつかむことは容易ではなかった。強制的に船舶を徴用しようとすればすぐに反発を生んだ。危険の可能性に直面して船と一緒に逃げた漁民もいた。船を破壊、または埋める者もいた。PLAが金門作戦で地元事情に不慣れな部外者を採用せざるを得なかった時、その結果生じた混乱と夜間航行の失敗は死にいたることを証明した。

海南作戦はおそらく人民戦争の役割と効果を最もよく例証したものだろう。南ベトナムのベトコンに類似した地域の武装集団である瓊崖縦隊は作戦の成功に極めて重要だった。地元武装集団は島内の国民党守備隊の動向に関する情報を提供してくれた。地元の状況と地形に関する彼らの優れた知識は間違いなく共産党軍の大義を支えた。瓊崖縦隊の指導者らは本土の同志と潜入部隊と合流するために緊密に連携し、厳しい地形を縫って共産党軍を瓊崖縦隊の拠点地区まで案内した。彼らの安全な隠れ家は簡単にアクセスできない山間部だったことが新たに到着したPLA部隊の生存を保証した。というのも、武装集団が約8000人の部隊を維持し、食料を与え、武装させ、補給することができたことは、地元地域の支持も含め、かなりのリソースがあったことを示している。そして、彼らはその後、PLAの先遣部隊と合同で、海南島への本格的な海峡横断攻撃の間、国民党軍を足止めするために妨害攻撃と陽動作戦を展開した。これらの行動はほぼ確実に共産党軍を有利にした。

PLAは現実的な問題解決方法を見つけることが非常にうまかった。輸送船はほとんど民間船だった。海南作戦の間も第15兵団は可能な限り多くのジャンク船にエンジンを付けるために奮闘した。PLAはにわか仕立ての艦艇の火力を向上させるために改良を加えた。華東海軍は船に火砲を搭載して民間船を軍用に改造した。万山作戦では、陸上兵器で武装した艦艇が登場し、陸上部隊を砲撃支援し、海上でも戦った。一例を挙げれば、タグボートが大砲で武装したはしけを牽引したこともあった。この期間を通じて、PLAの作戦立案者らは、民間が所有する資源と軍事力を融合させることに、一部はその必要性あるいは人民戦争の伝統から、高い親和性を見出していた。

オフショア作戦の間、PLAは中国軍の組織的アイデンティティーと作戦スタイルの中核を成す重要な特徴を示した。現地指揮官らは物質的、技術的にも優勢な敵を前にして、臨機応変で処理能力の高さが際立っていた。相対的に弱い立場からの戦いは、優れた組織と作戦術が成功に不可欠であることを意味した。指揮官たちは、物質的不足はある程度、士気によって克服できるとの信念で戦った。彼らは技術的、物理的な劣勢を補うために、欺瞞、奇襲、接近戦、夜戦を取り入れ、戦術の効果を最大化した。資源と専門知識を民間人に頼るだけでなく、民間の能力から軍事力を作りあげることを高く評価し、戦闘の非正規的な要素を通常の戦闘に切れ目なく融合させた。

中国の評価をどう見るか

中国のアナリストたちは、激しい戦闘の時期から得た歴史的教訓を現代の状況に適用しようとしてきた。このことから、これらの教訓を検証することによって、外部のオブザーバーは、中国の戦略家たちが過去と現代の水陸両用作戦との関連性をどう考え、どう戦おうとしているかを評価することができる。以下は、過去と現在、将来を明確に結びつけている記録の実例である。

中国国防大学の研究は、水陸両用作戦から4つの多様な教訓を得たとする。報告書によると、将来の戦争でPLAは、①敵の状況を正確に把握しなければならない②徹底した作戦計画を立てる③上陸部隊、とりわけ海上輸送に対しては、潤沢に物的支援を与える④海上横断する戦闘に向けた集中訓練を実施する――を挙げる。同研究はまた、シーレーンを確保すること、敵による封鎖と妨害を阻止すること、決定的な突破口を開くために広い橋頭堡を迅速に確保・掌握することの重要性にも注目している。興味深いことに、主要な作戦目標の前に副次的なターゲットを制圧することに価値があるとしている。また、平潭島と金門島付近に散らばる衛星的な島の攻略が、最終的な攻撃の重要な前提条件だったことを指摘している。[*4]

中国人民解放軍軍事科学院の趙煥明研究員は、金塘島、登歩島、金門島の3作戦について詳しい比較評価を行っている。[*5] 彼はこれらを取り上げた理由として、3作戦はそれぞれが数週間の間に実行され、似たような気象・海象条件を共有していたと指摘した。しかし、結果は、金塘島は明確な勝利だが、登歩島と金門島は深刻な敗北と、大きく異なっていた。環境的要因はほぼ同じだったことから、趙は登歩島と金門島の敗北はお粗末な戦略に原因があるとする。

趙は、物理的準備、覚悟、敵に関する適切な評価が、結果の違いを説明するのに極めて重要だと考える。金塘島作戦を担当した第22軍は計画と実行において緻密だった。艦艇と乗組員を探すために、杭州湾の南岸の都市を寧波から紹興まで西方約85キロにかけて2カ月間かけて探した。その間、軍は約500隻を接収し、350隻以上のジャンク船を修理した。4個連隊からなる増援部隊を一晩で輸送する十分な輸送力を備える方針は決まっていた。ただ、第22軍は成功するために、危ういとみられた第2陣の増援をあてにしなかった。指導層はその後、1個大隊と中隊の指揮官らに船団の編成、部隊の指揮統制の改良と引き締め、天候と潮流、地形の調査、訓練参加、部隊での実験、ドクトリンの発展を命じた。逆に、戦術指揮官らは海戦での戦闘技術を習得するために集中的な訓練を繰り返すことにこだわった。新米船員と部隊が自分の技量に自信を持つまで、夜間の航行、上陸、海岸での行動を含めた戦術的な考え方を試させた。

対照的に、金門作戦の第10兵団は敵を過小評価し、輸送力に欠き、海の環境を理解していなかった。PLAの作戦立案者らは、共産党軍の攻撃側と国民党軍の守備側の比率が1対1ならまだ成功できると結論付けてしまい、戦争では守る側がより強く、とりわけ攻撃勢力が海から上陸してくる場合はそうであるとの基本的な法則に背いた。第10兵団は、海では無抵抗だと考え、1つの船団で一晩で金門島に2度攻撃ができると想定していた。兵団は地元状況に不慣れな船員を新たに入れていた。第28軍が第29軍隷下の連隊を指揮するという指揮系統も混乱を招き、行動の統一感を弱めた。第10兵団の計画と準備は場当たり的で、その前に占領した廈門の管理に関心が集中していた。また、兵団は戦場や天候、海の調査をほとんどやっていなかった。要するに、第10兵団の指導層は傲慢で、水陸両用作戦の厳しい現実を驚くほど軽視していたのだ。

同様に、第61師団も登歩島攻撃の準備ができていなかった。金門島の第10兵団のように、国民党の守備隊は弱く、攻撃した途端に崩壊すると考えていた。現地指揮官らはもともと島々に4個大隊を上陸させる計画だったが、2個大隊と1個中隊を運ぶ輸送力しかなかった。だが、師団はそれでも攻撃を続けた。海岸に到着して襲撃した7個半の中隊は、当初は圧倒的な攻撃で国民党軍を追い払ったが、部隊が散らばりすぎて海からの敵の援軍に圧倒されてしまった。もっと悪いことに、師団には、戦術的なパワーバランスを回復するための第2陣部隊を送る船がなかった。師団が最初に大規模部隊を派遣していれば、後続部隊は必要なかったかもしれない。第10兵団も第61師団も、最悪のシナリオを深刻に考えず、国民党軍が守備隊を相当強化してくるという可能性をほとんど無視していた。

趙にとって、1つの成功と2つの失敗の対比は、現代の水陸両用戦のための条件を示すものである。将来の海陸作戦を制するために、PLAは敵と自らを深く理解し、作戦地形をしっかりと把握しなければならないと強く主張する。徹底的に計画、準備、部隊を組織し、希望的観測を回避する一方で、常に最悪を考えなければならない。注目すべきことに、趙は、金門島と登歩島の失敗は物質的不足と同様に「思想麻痺」が原因だったと主張する。[*6] 要するに、目の前にある試練に関する鋭い知性と適切な考え方は、これらの戦闘の流れを変えたかもしれなかったのだ。最後に、趙は、水陸両用作戦で圧倒的な力を発揮することを主張する。上陸部隊は橋頭堡を確保し、地に足をつけ、敵の守りを突破し、単独で深く後続攻撃を行うのに十分な規模でなければならない。十分で正確な火力は、敵の砲弾を抑え、水陸両用部隊を支援するための前提条件である。

一方、水陸両用作戦における兵站の役割に関する詳細な研究で、2人の大佐が海南作戦と将来の上陸作戦への影響について評価している。[*7] 彼らはPLAの当時の物資面での遅れから現代の水陸両用作戦との比較は難しいとしつつも、装備で劣っていたにもかかわらず共産党軍がどうやって勝利したかを理解することに価値を認めていた。別の言葉でいえば、2人は21世紀においてもPLAは技術的に優れた敵と戦わなければならないことを予測している。彼らは、海南島では4つの兵站に関する要因が決定的だったと指摘する。

まず、約2000隻の輸送船を集める第15兵団の作業は成功には不可欠だった。大型の木造帆船にエンジンを付ける突貫計画も海を渡るためには重要だった。第二に、第15兵団の様々な後方支援部隊は海南島での作戦前後で重要な役割を果たした。その多くが前線に投入され、物資や色々な対応を提供するための情報センターとして機能した。本攻撃で橋頭堡を確保し、海口を攻略した後、これらの部隊はすばやく海峡を横断し、物資の流れを維持し、海口の管理を支援した。

第三に、兵站部門は第15兵団が現地の状況に適応できるようにした。雷州半島周辺の集結地域は貧しく、資源が不足していた。さらに、深南部の熱帯環境とそれに伴う多くの病気は、特に主力部隊の北部出身者を衰弱させることがわかった。後方支援は、なじみのない土地で百人を超える前方展開兵力に食糧を与えるなど、不可欠な存在だった。第四に、共産党軍は広州や海南島といったほかの省から作戦への支援を引き出していた。例えば、PLAは北1200キロにある武漢で約700人の船員を採用し、輸送船団の人員を確保した。[*8] 前述の通り、瓊崖縦隊とその拠点地域は8000人のよそ者を維持するほど十分な供給があったと伝えられている。
陸軍軍事交通学院の劉興、劉暢、李遠星の研究者3人は、現代の水陸両用作戦における民間輸送の重要性を考えるために金門作戦を分析する。彼らは金門島の惨事につながった、完全に不十分な輸送について詳述し、民間船舶はPLAの将来の敵地上陸作戦における主要部分であり続けるべきだと主張する。彼らはPLAの戦力投射の非軍事的後方支援要素を基礎的な力量（「基礎力量」）と表現する。そして、軍事作戦立案者が注意を払うべき5つの分野に注目する。
3氏は、PLAは新造民用船舶（排水量5000トン～1万トン）には戦時対応能力を盛り込んだ改造を積極的に推進すべきだと考える。軍は民用船舶の迅速な動員を可能にするデジタル・データベースと登録台帳を作るべきだと主張する。文民の乗組員は軍と平時の訓練と連携を進めるべきだとも主張する。3氏は特に、金門島への移動を最も困難にする原因となった戦時の指揮命令系統を懸念する。最後に、学者らは中・大規模の海運業者に対し、「強力な民用兵站艦隊」の形成に貢献するよう呼びかけている。[*9]
洞察に富んだ分析では、竇超という人物は、金門の失敗から将来の台湾との衝突に関する4つの教訓を得たという。[*10] まず、本研究で何度も記録されているように、第10兵団は作戦を効果的に遂行する十分な物資を欠いていた。輸送から弾薬まで、PLAは作戦への備えがまったく不十分だった。第二に、共産党軍の戦略立案者らは島の守備隊を明らかに過小評価していた。第三に、この筆者は、夜間航行をさらに深刻な問題の兆候だとみる。それは敵の妨害から海を守る空軍力と海軍力の不在だった。また、金門島の海岸で船団が全滅したのも、PLAが国民党軍の空と海からの攻撃に対抗する能力がなかったことの結果だった。第四に、金門島の陸上戦は、安全に確保された橋頭堡がなく、3個連隊は連携を欠き、陸上砲台や艦砲射撃、航空戦力によって守られなかった。本土の共産党軍の野戦砲兵が金門島に到達したものの、通信がうまくできなかったことによって、正確でタイムリーな砲撃支援ができず、仲間が殺害されるリスクを高めた。彼らは携行していた武器と弾薬を頼りにするしかなかった。

竇は、PLAが海峡を隔てた攻撃を成功させたいのであれば、金門島の惨事につながったこれらの4つの問題を回避、または最小限に抑えなければならないと指摘する。水陸両用部隊は台湾の海岸に上陸する第1陣を輸送するために十二分の船舶を保有しなければならない。民間輸送は敵の攻撃に対する耐性がないので、第1陣全体でないにしても軍の艦艇が大半でなければならない。また、民用船舶は、PLAが敵の抵抗をつぶした後の攻撃の段階での運用としなければならない。第1陣の部隊と装備は、増援を期待することなく単独で作戦を実施しなければならないので、十分な銃弾、燃料、食料を提供しておかなければならない。PLAはまた、国民党軍を軽視する誘惑に抗わなければならない。本土の人間の多くは台湾軍を軽視し、台湾軍は時代遅れの劣った武器で装備し、士気の低さに苦しみ、闘志を欠いていると信じきっている。竇は、このように見下すことに警鐘を鳴らし、似たような希望的観測が金門島の大失敗につながったと主張する。

現在のPLAは、1949年よりもはるかに致命的で効果的な敵の妨害に対抗しなければならない。台湾、そしておそらくアメリカからの全天候型、24時間の精密火力にさらされることになる。人民解放軍全軍種で戦わなければ、いくら数が多くても、守備が万全でも、中国の輸送船は無事に海峡を通過できないだろう。そのため、中国の空軍、海軍、ロケット軍の火力は、島の守備隊に対して「絶対的優位性」を持たなければならないと竇は主張する。そして、台湾のために介入しようとする第三者を抑止し、もしそれがだめなら、懲罰的抑止を行使するのに十分な火力を持っていなければならない。竇は、シーレーンを自由で開かれた状態で維持するために不可欠だとして、敵の防衛を制圧し揺さぶることを狙った攻撃準備射撃に注目する。竇によれば、PLA部隊は「可能な限り最大限の力を集中して、敵の対上陸戦闘システムのすべてではないにしても、ほとんどを麻痺させる攻撃を行わなければならない。攻撃の主要目標は敵の指揮系統システム、通信システム、海軍・空軍基地、防空システムなどであるべきだ」[*11]。

竇はさらに、PLAは敵部隊を台湾海峡から排除し、台湾沿岸に上陸した部隊を敵に分断されるのを防ぐために十分な後続部隊を抱えておかなければならないと指摘する。この予備兵力が前線の侵攻部隊に十分に補給し、島で動けなくなることを防ぐ。竇は明確に金門島の惨事を思い起こさせ、上陸部隊と兵站のつながりを維持することの重要性を強調する。

興味深いことに、竇は空軍や海軍の火力を補うために、陸軍砲兵部隊の艦載化を提唱している。軍艦と航空機には台湾で戦う地上部隊の直接支援のほかにも多くの任務を付与される可能性がある。したがって、陸砲部隊が一時的に軍用、民用船舶に搭載されれば、制圧射撃が可能になるほか、PLAの空軍と海軍にかかる作戦上の負担を軽減できるというわけだ。さらに、竇は、陸軍が抱える膨大な量の大砲は比較的低コストで、船から正確に射撃できるよう迅速に改良することができるとみる。[*12] 竇の主張は本研究に記録されている艦艇を陸軍の銃で装備した初期の即席の取り組みに回帰しているようだ。

これらの過去の島嶼作戦は、台湾との戦争の可能性に関するPLAの考え方に影を落とし続ける。中国のアナリストたちは、過去の失敗とそれらが現代の中台海峡紛争に何を暗示しているかをよく理解している。過去の失敗の繰り返しを避けることを望み、1949年と1950年のオフショア作戦の成功の要因を見抜いている。PLAは海南島の成功の再現を熱望しつつも、明らかに金門島の大失態を繰り返したくないと願っている。中国の記録などは、物的準備、量、圧倒的な火力が、台湾に対する作戦で特に重要な要素として特定している。また、作戦成功の前提として、敵を過小評価しない現実的な評価を含む査定の重要性を強調する。腕力には知性が伴わなければならないのである。

オフショア作戦は将来の作戦モデルにもなりうる。舟山作戦は、PLAが主要目標に向かう途上で副次的な領土目標を押さえるという逐次戦略を示している。中国は大規模作戦の前触れとして、南シナ海の台湾周辺にある島嶼、または澎湖諸島を攻略する可能性がある。海南作戦は中国が台湾の防衛努力を最大限混乱させるために内部かく乱をはかる組織を送り込むかもしれないことを示唆する。金門作戦は一気に台湾を制圧しようとする正面からの攻撃を意味する。もちろん、これらの典型は相互に排他的ではない。両岸作戦ではそれぞれが一役買うからだ。これらの洞察は、中国共産党の初期の海との遭遇が、将来の戦闘におけるPLAの判断を知らせてくれる。西側は今後数年間の中国の軍事的な流れを理解するために、この歴史を詳細に研究すべきである。

短くも影響力の強い歴史の1ページ

中国の戦略コミュニティーは海軍創設と初期のオフショア作戦を深く掘り下げて研究し

ている。PLAは誇れるものを過去に見出す。短くもインパクトの強いこの歴史は、中国軍が意志の強い、有能な組織であるとの自己イメージを強固にする。毛沢東の軍隊は技術的な力不足にもかかわらず、海に向かい、多くの場面で勝利した。PLAの指導者らは戦争の組織的、作戦的レベルにおいて驚くほど適応力に優れ、現実的であることを証明した。この海軍史は、毛沢東の革命の初期から培われてきた、精神的な要素が戦略の物質的側面と等しく重要であるとの長年の信念をさらに強固にする。また、公式の史実や学術論文はあらゆる作戦の失敗について残酷なまでに正直だ。彼らは、21世紀に中国軍が直面しうる物理的な危険性や分析の罠に関する教訓として、詳細な歴史の事例研究を利用する。PLAは過去の悲劇を繰り返さないことを切望している。これまでの章で取り上げた記録が示すのは、中国の戦略家が将来を見据える時、過去の残響に耳を傾けているということである。

第8章　組織の継続性

新たに設立された組織の形成期の経験は、その価値観や物の見方にしばしば永続的かつ多大な影響を与える。生まれた瞬間と、その瞬間を取り巻く状況は、変わることのない教訓、強固な信念、そして組織のアイデンティティーに刻み込まれる思考の習慣を授ける。このアイデンティティーは好ましくない傾向や思い込み、行動パターンに表現を見出し、時間とともに不変となり、組織がどう考え、行動するか一定程度の予測可能性をもたらす。

同様に、本研究に記録されている70年前の戦いと官僚的な決定は、中国海軍と中国の海軍力に深い刻印を残したようだ。わずか18カ月の創設期は、どうやって海軍がその存在意義を理解し、自らを組織し、戦略と戦術を考えるかを形作った。PLAN最古の歴史が恒久的な組織の特徴として焼き付いている限り、この過去を理解することは今後の海洋アジアとそれ以外の地域で、中国海軍がどのように進化し、考え、行動するかを知る手がかりになるだろう。

確かに、PLANの誕生と現在、そして将来を直線で結ぶことは分析的にも難しい。今日の特定の行動が何十年も前の出来事のせいだとするのは危険である。しかし、行動と思考の継続性を明らかにすることで過去の残響に耳を傾けることはまだ可能だ。これらの組織的な遺産は、組織行動、人事決定、指揮系統、ドクトリン、戦力構成、予算編成の優先順位、核となる価値観などに見つけることができる。このような歴史的に根差した規範、優先傾向、習慣は、特にいま、中国海軍がグローバルな役割と任務に備える中、将来の必要性に適合させることが可能だ。以下、過去と現代を結び、将来を見据えた推測的な分析を行う。

軍区海軍

PLANの地方艦隊の存在は、地元海軍の立ち上げに指揮官、人材、装備、リソースを提供した第3、第4両野戦軍に負うところが大きい。内戦での勝利を確実にするために、野戦軍は担当する作戦区域の省や地方に駐屯したが、それが中国全体における事実上の占領軍になった。野戦軍の指揮官や政治委員は平時の任務に移行すると、占領した土地を管轄する地方、省、行政の指導的立場に就いた。例えば、第3野戦軍司令官の陳毅は上海市長をほぼ10年間務めた。広州の攻略作戦で共同指揮を取った葉剣英は広州市長と華南軍区司令官に就任した。

野戦軍がそれぞれの支配する地区に定着するにつれ、彼らは独特の地域の権力の中心として台頭した。そして、政治的支持者、個人的ネットワーク、後援システムが自ら、野戦軍とその支配地域の周りで組織化した。[*1] ある研究によると、「特有の共産党版〝軍閥主義〟……が1950年以降、経済的・政治的権力の地域間分配における基本的要素になった」。[*2] 実際、共産党が野戦軍を解散して1955年に軍区に置き替わった後も、野戦軍の古参メンバーや部隊はそれまで管理・駐屯していた場所に居残って軍区地域を支配し続けた。このように、第3野戦軍と第4野戦軍の旧エリートたちはそれぞれが南京軍区と広州軍区、そして関連する軍区海軍司令部を1960年代以降もリードした。

第3野戦軍の指導部は華東海軍とその後継組織である東海艦隊を支配した。張愛萍の在任後、袁也烈《えんやれつ》が1951年2月に華東海軍司令官に就任した。国共内戦の間、袁は山東軍区の副司令官兼参謀長だったが、山東軍区は再編され、第3野戦軍の前身である華東野戦軍の設立に貢献した。袁の後任の陶勇《とうゆう》は第3野戦軍第7兵団第23軍の指揮官だった。陶が渡河作戦で部隊を率いて攻略した鎮江と江陰は、張の華東海軍立ち上げの拠点になった

（第3章参照）。第23軍は続けて上海作戦に参加し、国民党軍が撤退する前の舟山作戦に向かうことが運命づけられていた部隊の一つだった。[*3] 朝鮮戦争を指揮した後、陶は1952年11月に華東海軍司令官に任命された。そして1955年に東海艦隊司令官に任命され、1967年まで在任した。趙啓民《ちょうけいみん》は第3野戦軍第34軍の政治委員だった。[*4] 1951年2月に華東海軍の政治委員に任命され、翌年11月まで務めた。陶が司令官になると、袁也烈は横滑りして華東海軍政治委員になった。袁の後任、康心強《こうしんきょう》は第3野戦軍第21軍の政治委員だった。[*5] 康は1962年7月まで華東海軍の政治委員を務めた。

同様に、第4野戦軍も南部の海軍司令部に幅を利かせていた。洪学智《こうがくち》は広東作戦、海南作戦、万山作戦を主力として戦った第15兵団の副司令官兼総参謀長だった。広東を占領した後、洪は広東軍区の副司令官兼江防司令官に任命された。洪の後任の方強《ほうきょう》は広東作戦と万山作戦を戦った第44軍の司令官だった。[*6] 方は1950年10月に中南軍区海軍司令官に任命され、1953年まで在任した。趙啓民は方の後任として華東海軍から異動して1955年に南海艦隊司令官になった。1959年12月まで在任し、1953〜1956年は政治委員も兼務した。趙の後任である呉瑞林《ごずいりん》は第4野戦軍第42軍司令官で、同軍は遼瀋作戦と平津作戦そして朝鮮戦争を戦った。[*7] 呉は1960〜1968年に南海艦隊司令官を務めた。第4野戦軍第22兵団の元政治部主任の方正平《ほうせいへい》は1951〜1956年に南海艦隊の副政治委員、その後、1956～1968年に政治委員を務めた。このように趙を除いて第4野戦軍の将校たちが1950～1960年代後半まで軍区トップのポストを握り続けた。

野戦軍システムの優秀さから、第3野戦軍と第4野戦軍はそれぞれ東海艦隊と南海艦隊に重大な影響を及ぼしていたようだ。重要なのは、野戦軍は何十年にもわたって多様な地理的環境と戦略的状況の中で独自の指揮関係、戦闘スタイル、政軍思考を構築してきたことだ。したがって、それぞれが長い革命闘争の間にユニークな組織的個性を形成した。今後の研究として、第3野戦軍と第4野戦軍がどうやって、どの程度、独特な組織的DNAをそれぞれの地域の海軍の子孫に伝承したのかを調査することができるだろう。こうした調査は、歴史、重要な指導者、野戦軍の組織文化に関する深い研究が必要となる。同時に、野戦軍の組織的個性が海軍事情にどのように現れているのかを見分けるためには、軍区海軍に関する細部まで詳しい知識が必要になるだろう。

注目すべきは、軍区海軍システムは共産党時代特有のものではないということだ。海軍力の地域化は中国王朝に起源をたどる。[*8] 例えば、清朝末期、満州国当局は、広東‐広西、浙江‐福建のように、隣接する省を組み合わせて地方の海軍を指揮するための管轄権の基礎としていた。清朝のバルカン化した海軍は、相当の自主性を持っていたことが特色だった。国家的な海軍を作る取り組みは、中華帝国が19世紀後半に西側と日本と遭遇した際に繰り返し失敗していた。その結果として、地方の海軍間の連携の欠如が1884〜1885年の清仏戦争と1894〜1895年の清日戦争での敗北につながった。[*9] 地方独自の海軍へのこだわりはこのように中国史と初期の党・国家形成に深く根差しているのだ。

北海艦隊、東海艦隊、南海艦隊の3艦隊は、特定の地域の作戦担当、水上・潜水艦・航空部隊、海軍基地・守備隊、造船所を統括する主要組織であり続けている。最近の組織改編で、統合戦域司令部が創設されたが、3艦隊は各戦区の海軍部隊であり続けるとともに、艦隊司令官は同時に戦区司令部の副司令官を兼務することになった。[*10] したがって、地域レベルの海軍部隊の体制は、PLAの統合作戦と将来の戦力構築の強化のための基盤として存続するだろう。地域構造がどれだけ持続し、また存続する場合、こうした組織がどう新しい任務と必要要件に適応するのかを検証することは分析的に有益かもしれない。

政治委員システム

本研究が明らかにするように、華東海軍とPLANの政治統制は創設期において最も重要だった。張愛萍、蕭勁光は中国共産党員として非の打ちどころがない経歴ということもあり、主要な教育機関を含むそれぞれの組織を監視・監督する政治委員と司令官を兼任した。元国民党軍を潜伏状態から引き出すための元兵士の勧誘活動で、張は華東海軍政治部主任の孫克驥を政治委員に任命し、彼の地下の工作員人脈を利用した。このような政治工作の責任者である政治委員は連隊レベルまで存在し、この慣行は今日も続いている。

政治将校である政治委員の責務は中国共産党への忠誠心を教え込むこと以上に及んだ。1949年と1950年のオフショア作戦中、政治委員は海で戦い、海岸を襲撃し、部隊のそばで犠牲者を出し、そして歩兵の思考回路を海に向かうよう改めさせた。政治委員は、PLA部隊の士気と闘志を盛り上げ、それが感動的な勇敢さや自殺に近い行動を取らせる原因の一部になったものの、地元社会の共産党軍への支持を集めた。加えて、政治委員はオフショア作戦の間、国民党軍の守備隊に降伏を促す心理戦も取り入れていた。要するに、政治委員には重要なフォース・マルチプライヤーとしての役割もあった。

PLANの創設史は、現代の中国海軍の作戦を理解するために政治委員について詳しく研究されるべきであることを示している。ある報告書は、軍事指揮官と政治委員が責任を分担する二元指揮制度は中国海軍の指揮系統において重要な役割を持ち続けると、説得力のある主張をしている。[*11] ソ連のシステムと異なり、PLAの政治委員は指揮官や作戦担当者と同じ階級となる。意見の一致と相互協議は指揮系統トップの指揮官から戦術部隊にいたるまでの計画と意思決定過程を、特徴づける。中国共産党は今後も艦隊を率いて海に進出し続けると考えられる。外部オブザーバーたちは、海洋領域での中国の行動を党・海軍システムの現れとして認識すべきである。

二元指揮制度によって、PLANは海軍機関を特に政治の場で利用することが上手くなった。指揮官と政治委員は敵味方の別もなく威圧する計画の発案と実行に長けている。彼らは平時と紛争時の敵の意思を砕く、三戦（心理戦、世論戦、法律戦）を行使するために高度な訓練を受けているのかもしれない。また、政治委員と、士気のような無形要素に関する彼らの解釈も、リスクとチャンスの評価に並外れた影響を及ぼしかねない。もはや能力の戦術的な不均衡などの物理的な考慮だけでは海上における中国の強硬的または攻撃的な行動を抑止することはできないかもしれない。PLANの初期の歴史は、技術的に優位に立つ敵を制圧したことから、戦略面で士気に重きを置く作戦傾向を強くした。危機や戦争における抑止を意図した軍事行動と、（それに対する相手側の）誤解や誤算への影響は非常に大きい。

陸上ベースの海軍力

創設期の戦略をめぐる議論からは、共産党指導層がオフショアに関する課題の解決に陸上思考を応用する傾向があったことがうかがえる。海軍と空軍がないため、計画者たちは陸上兵器で近海の事象に影響を及ぼそうとしていた。蕭勁光は、中国本土を大型空母に見立て、そこから沿岸砲台などを含む陸上兵器を使って海洋戦域で力を誇示しようとした。現代の概念とドクトリンは、この大陸的な思考習慣が今日も関連していることを示している。PLAの第一列島線の概念は、中国の陸上防衛境界線を海上方向に視覚的に拡張したものを部分的に反映している。海軍の海上防衛戦略は、本質的には陸上戦に対する毛沢東の能動的防衛構想を海軍で具現化したものである。

この明らかな陸上バイアスを口実に中国の海洋における可能性を退ける向きもあるが、近年の目を見張る中国海軍の台頭は、異なる予測をすることが分析上有効であることを強く示唆している。[*12] 大陸主義的思考を海軍発展の障害とみるよりも、中国がどうやって陸上的なシーパワーの概念を新しい状況と需要に効果的に適合させられるかを見るほうが賢明だろう。

PLANの陸上戦力の重要な特徴は、海軍航空部隊である。本研究でも指摘しているが、蕭勁光と部下たちは、攻撃に脆弱な海上部隊の防衛で空軍を信用できなかったことから、自前の航空部隊の保有を主張していた。それゆえにPLANは中国の海上空域を守り、洋上の船団を支援するために、陸上ベースの独立した航空戦力に投資した。現在、海軍航空兵は固定翼爆撃機や攻撃機を含む数百機の戦闘機を保有する。中国の海上部隊は近年、有機的な防衛を強化しているが、航空部隊はその任務をますます洋上攻撃にシフトしている。対艦爆撃機と共に偵察機は2013年以降、第一列島線沿いで出撃している。[*13]

空母航空団の導入が、陸上の航空団の将来の役割にどう影響するかは見通せない。名高い歴史と長年の組織的支援を受けてきた陸上の航空団が完全に空母航空団に置き換わることはないと見られる。また、陸上航空部隊コミュニティーの人たちも、自分たちに関連する軍種（兵種）の存在感を薄めようとする計画の阻止に動くだろう。中国の空母部隊の飛行士が艦隊防空をマスターすれば、陸上部隊はさらに洋上攻撃やニッチな作戦任務に特化するようになるかもしれない。さらに、PLA空軍の爆撃機部隊は、海上作戦でより重要な任務を果たすようになってきており、海軍航空部隊の組織的特権とリソースのシェアを脅かしている。このような組織間のライバル関係は、PLANの陸上ベース爆撃機の戦術的専門性を多様化させることになるだろう。[*14]将来に眼を向ければ、グローバル化する中国海軍は陸上ベース航空戦力の新たな活用法を見つけるかもしれない。海軍航空部隊と（海軍の沿岸防備部隊の対艦）ミサイル部隊をインド洋沿岸の前進基地に配備し、PLANの海上部隊に対空援護と海上攻撃オプションを提供することで、事実上の遠征要塞艦隊を創設することが可能となる。陸を利用して海を支配する傾向によって、遠方の戦域で新たな独創的な表現を見つけるかもしれない。

軍民関係

建軍期間中、党軍関係は民用部門と商業部門を開拓して海軍をゼロから作り、島嶼攻略作戦を実施した。中国沿岸の海洋産業と関係する人的資本は、インフラ、資材、船、専門知識、船員を提供し、これらなくして共産党軍の海軍力構築の取り組みはほぼ確実に失敗していただろう。PLAが戦争遂行と軍の近代化のために安心して社会を頼っていたことは、人民の戦争を遂行するという長年の伝統を反映していた。共産党は、明らかに海軍力の開発を挙国的努力と見なしていた。

同様に、民用部門は将来、本土近くや遠方でのPLA作戦支援のために徴用されるだろう。欧米の有識者は、予想される海峡を隔てた侵攻における民用船舶とインフラの潜在的な役割にすでに注目し始めている。米海軍大学研究員のコナー・ケネディーは、どうやって中国の民用RO-RO船が部隊、トラック、備品、水陸両用車を輸送できるかを解説する。[15]新アメリカ安全保障センター（CNAS）非常勤上級フェローのトーマス・シュガーは、PLA部隊の台湾への輸送にとてつもない数の中国の民用船舶が投入される可能性を指摘する。[16]元米海軍情報将校マイケル・ダームは綿密な研究の中で、台湾に対する水陸両用作戦を想定して、中国の民用船舶の能力を評価するため、軍事演習と訓練を調査している。ダームは「PLAの関係者たちは口を揃えて、軍と緊密に連携する民用船舶が海峡を隔てた大規模な兵站作戦にとって不可欠な要素になるだろうと断言している」と話す。[*17] 特に、ダームは、１９４９年10月の金門作戦からの教訓に触れた、あるＰＬＡの記事を引用する。彼は、少なくとも２０２１年の段階で、敵対的な環境で商業船が大規模水陸両用作戦に兵站を提供する能力に懐疑的だ。しかし、「ＰＬＡの創意工夫と粘り強さを過小評価するのは間違いだ」と主張する。[*18]

この民と軍の相互関係は最近の遠洋作戦でも見てとれる。ＰＬＡＮのアデン湾での海賊対処パトロールは、国有企業が構築した中国の広範な海外商業ネットワークの後方支援に依存している。巨大海運複合企業「ＣＯＳＣＯ（中遠海運集装箱運輸）」とアラブ首長国連邦に拠点を置く子会社、ＣＯＳＣＯ西アジアは、数カ月にわたって展開している艦艇に対する食糧、燃料の補給および修理などの補給インフラへのアクセスを提供してきた。[*19] 創設期のように、ＰＬＡＮは場当たり的に遠征作戦への兵站の要領と方法を実践しながら、現場で素早く学んでいった。この軍と民の結びつきは、ジブチにある中国の恒久基地と並んで遠洋での中国海軍を支え続けている。

今後、民用部門がどのように海軍の遠征作戦を支えるかを検証する価値はある。アジア、アフリカ、欧州の様々な友好国の商業港はすでにＰＬＡＮの船団に補給を行っている。加えて、ＣＯＳＣＯが運営する世界中のコンテナターミナル、ＲＯ-ＲＯ船、コンテナ船、タンカー、旅客機、貨物機はすべてロジスティックス支援のために動員される可能性がある。[*20] とりわけ、中国海軍はすでにCOSCOのコンテナ船を使って洋上補給を試している。中国が独占する海運業がこれらの商業アセットとインフラを支えているのだ。[*21] 国家が支援する多国籍企業は軍民複合体と緊密に関係し、民用部門と軍事部門の融合を図る中国のイニシアチブを推進している。今後、このグローバルな軍と民の結びつきは、中国と世界の市場を結ぶ重要なシーレーンと並んで、中国海軍の存在感を拡大、定着させるための基盤として機能するかもしれない。PLANの初期の歴史をみれば、海軍が海外の民間ネットワークを利用する素地と願望を持っている可能性が浮かび上がってくる。

海軍の価値

本研究は、中国海軍の創設期が、その展望、価値観、組織に消えることのない痕跡を残し、現代と将来のPLANに関するヒントを与えていると主張する。海軍誕生後のはじめの18カ月は、特にそのアイデンティティーに永続的な影響を与えた。まさに、米独立戦争と、当時の大陸海軍の軍人、ジョン・ポール・ジョーンズが米海軍自身を定義し続けるように、中国海軍が生まれた瞬間は試金石としてあり続ける。建軍の歴史に根ざしている米海軍の式典と慣習が、その中核をなす価値観について多くを明かすように、PLANの過去に関する言説もその自己評価に関する手掛かりを与えてくれる。[*22] この系譜を追跡する一つの方法は、中国海軍の組織を管理する者が、海軍最高の価値観と大切な伝統を伝える歴史的な物語をどのように語り継ぎ、吹聴しているかを記録することである。

例えば、中国海軍指導者たちの記録を見てみる。中国海軍の将来任務を明確にした、ある2007年の学術論文で、前海軍司令官の呉勝利《ごしょうり》海軍大将は、海軍のプライドを鼓舞するために過去に思いを馳せる。明確に「人民の海軍は銃口から生まれた」と創設期について言及している。[*23] 1275回の海戦のうち、提督は5つの「輝かしい成功」を挙げる。本研究で詳述している万山作戦もそのうちの1つであることを特筆しておく。

PLANの創設60周年を記念する2009年の論文で、呉提督は、沿岸の島嶼攻略と敵の封鎖を打破して、いかに「人民解放軍海軍が戦火で洗礼を受けて育ったか」と回想する。[*24] PLAN司令官は万山作戦について、中国海軍の「優れた歴史本」で傑出した作戦だったと再度認定する。呉は特定の部隊と個人がいかに「英雄的な模範や手本」としての役割を果たし、「海軍史のページに光を当てた」かを語る。

PLAN創設70周年を祝う論文では、呉の後任である沈金龍《ちんきんりゅう》中将が万山作戦の重要性を詳述する。沈は、中国海軍の「海洋開拓者精神」が、万山作戦で「小船が大型艦艇と戦い」「銃剣を用いて海で戦うこと」を可能にしたと絶賛した。[*25] 国民党軍の艦艇と至近距離で戦った、その有名な木造砲艦の名前は「先鋒（パイオニア）」だった。この遭遇戦は、銃剣を持った共産党軍が敵艦に乗り込んだ後、接近戦にいたった（第6章参照）。

ＰＬＡＮの将校・下士官用の公式ハンドブックは、万山を占領するための水陸両用作戦を、海軍の「輝かしい歴史」における重要エピソードとして説明している。ガイドブックによると、万山作戦は海軍の「小を以って大と戦い、劣を以って優に打ち勝ち、勝利を確実にするために戦う英雄的精神」を反映している。[*26] この戦いは何十年にわたって手本として称えられてきた。ＰＬＡＮ司令官を１９８２〜１９８８年に勤めた劉華清《りゅうかせい》は、海軍の優れた伝統について調査した１９８７年の論文で、万山作戦を戦った者たちの勇気を回想する。彼もＰＬＡＮの弱点を使って強者を倒すことを海軍アイデンティティーの核心的要素として認識している。[*27]

万山で寄せ集めの即席船団が共産党軍の勝利を助けた時から、状況は確実に変わっている。中国海軍はすでに世界で最大となり、海上における能力で最強に匹敵する。しかし、万山作戦とその後の作戦に具現される価値観は今日も将来も有効だろう。中国のドクトリン集はアメリカとその同盟諸国との大国対立や戦争の可能性を見通している。中国は孤立して、手強い連合軍に手も足もでないかもしれない。ＰＬＡが将来をみる上で、遠征部隊がインド洋で孤立して包囲されるといった戦闘シナリオも計画しておかなければならないかもしれない。つまり、中国の戦略家は比較的弱い立場からの戦いを想定し、準備しなければならないのだ。戦略的劣勢の中で戦術的優位を適用するといった長年かけて実証済みの伝統的な概念は、将来の海上戦で使い道があるかもしれない。

比較評価

将来の研究として、海軍内、軍種間、国際比較は、中国海軍に関する貴重な洞察をもたらすのではないだろうか。PLANの5大兵種は、正式な順序で、潜水艦部隊、水上艦艇部隊、航空部隊、海軍陸戦隊、沿岸防衛部隊から構成される。各兵種の創設史と変遷を理解することによって、作戦能力と専門性の観点から海軍が重視していることの多くが明らかになるかもしれない。すでに見たように、中国海軍の指導者たちは、空軍が不十分または信頼に欠く支援しかしないことを恐れて航空部隊に固執した。もしこの懸念が組織的に深く根ざしていたとすれば、航空部隊の特権と存在が脅かされた場合、航空部門の構成員らがどれだけ激しく争うかを示しているかもしれない。

空軍とロケット部隊の起源に関する詳細な研究は、各軍の制度的特徴の変化を説明し、PLANの役割をより鮮明に浮き彫りにすることができるだろう。本研究でも指摘した通り、朝鮮戦争は、共産党軍指導層が半島をめぐって米国の制空権に対抗する準備をする中で、空軍を一気に最前線に押し上げた。空軍力を優先する決定はPLANの野心的な近代化計画を何年も遅らせることになった。海軍の初期の歴史におけるこの転機は、海軍の態度と、おそらくほかの軍との上下関係で地位に関する自信喪失に相当影響したかもしれない。だが、その代わりに、このトラウマは戦略とリソースに関する議論において、中国海軍指導部がPLANの目的、関連性、使命をどう認識し、正当化するかのヒントを提供したとも考えられる。

国家間の比較研究はPLANと米海軍の組織的違いを見ることができる。PLANの二元指揮制度、最高位の中央軍事委員会、合意制による意思決定は、米海軍が大切にしてきた海での独立指揮系統と、一人の司令官に与えられた絶対的な責任という概念とは対照的である。米海軍は航空母艦搭載航空部隊を組織の頂点としており、対する中国海軍が力を入れるのは潜水艦部隊から水上艦艇部隊に移行しつつある。米海軍の陸上ベースの航空団の任務は主に海上パトロールと電子戦であるのに対し、PLANの陸上航空部隊の任務は海上攻撃、航空優勢、陸上攻撃を含む。両海軍のこのような違いはそれぞれのユニークな歴史的経験に根ざしたものであることを改めて強調しておきたい。

こうした戦術的で作戦的な対比にとどまらず、両軍は潜在的には、シーパワー、戦略、地球規模の作戦といった、より大きな問題において異なる。米軍の最も重要で象徴的な地域司令部と艦隊の多くは、第2次大戦とそれに続く冷戦期の対立から生まれた。超大国間の競争の間、太平洋戦争の勝利、フィリピンの解放、日本占領、中国内戦、そしてアジアでの激しい戦争が、今日の西太平洋における米海軍の第7艦隊とそのプレゼンスと作戦を理解する上で不可欠な歴史的背景を成している。*28

遠方戦域で、より断固たる海軍のプレゼンス構築に向かう中国の平時の方針は、アメリカの戦後モデルとは異なる様相となりそうだ。例えば、PLANの前方展開艦隊の考えは、前述した地域艦隊システムの特異性に介在されるかもしれない。同時に中国の国有多国籍企業と軍民関係は、平時における陸上施設や海上での戦時のロジスティック支援へのアクセスに関するPLANのアプローチを、米海軍の長年の慣習とは著しく異なる方法で確立するだろう。中国と米国の海洋をめぐるせめぎ合いの将来的な特徴は、商業アクター(行為主体)と利益が地政学において大きな役割を果たした17世紀後半の英蘭対立に似ているともいえる。

中国の地域艦隊システム、二元指揮制度、陸上ベースの航空力、商業アクターへの依存、小型船精神が、中国のグローバルな海洋野心の障害になると描写したい思いにかられるかもしれない。PLANの組織的体質を構成するこれらの要素は、中国が政治的制約、地域志向、陸地重視を克服するためにもがかなければならないことを示唆しているかもしれない。しかし、こうした悲観的な分析はこれまでの海軍の実績と逆行する。中国海軍は再三再四、否定論者が間違っていることを証明する能力を見せてきた。ただ、前述の分析は別の解釈もできる。それは、中国指導者たちは適応し、独自のシーパワーを確立していくということだ。政策立案者たちが中国海軍の将来の軌道を見誤らないよう、オブザーバーたちにはこうした仮説を検証する責任がある。

第9章　結び

　これまでの章では、毛沢東主義中国の海洋進出に関して、現存する欧米の記録よりも完全でバランスのとれた説明を行った。これによって中国共産党（ＣＣＰ）と人民解放軍（ＰＬＡ）が海上で無謬でも無能でもなかったことがわかる。１９４９～１９５０年の中国の海洋における功績は称賛に値するが、指導層が直面した困難と失敗をてんびんにかけなければならない。しかし、本研究は決して十分に研究されていない期間の結論ではない。今後の研究分野としては、その後のＰＬＡのオフショア作戦に加えて、外国軍の水陸両用作戦に関する中国側の評価がある。また、海洋戦域における共産中国の初期の作戦に関する国民党の見解を取り込んだ中華民国の記録をもっと活用するチャンスもある。本研究は、ＰＬＡが自分たちの過去をどう解釈し、そして、それらの歴史のナラティブが今後数十年の中国の海洋進出に対する西側諸国の再評価にどう反映されるべきかの議論をさらに刺激するはずである。

主な研究結果

この起源の物語は中国海軍だけのものではないことを繰り返しておく。むしろ、中国の海軍力、すなわち、国家のすべての手段が中国の利益のために海上の出来事を形作ることができるということである。毛沢東の軍隊、民用の船舶と船員、商業造船所、沿岸の住民、地元の反乱分子を含む、あらゆる海軍力のインプットの全てが中国の海洋目標を達成する上で重要な役割を果たした。実際のところ、重要な国民党軍の力を押さえこんだ海南島の瓊崖縦隊こそが、水陸両用作戦における勝敗を分けたのかもしれない。

共産党は最初から海軍創設を支えるための深刻な物理的不足、経験不足、人材不足に苦しんでいた。国民党軍は最高の艦艇を台湾に移動したが、残さざるを得ない船は破壊した。不足と国際的な孤立に直面した勝者は、三流の装備でやりくりし、西側諸国が恐れるような解決策を見つけなければならなかった。即席で寄せ集めの船団は当時の近代的海軍に比べると笑ってしまうほど遅れていた。しかし、これらの努力の裏に、気概と創意工夫があることは否定できない。

海軍指導部は海洋領域での中国の限界を知り尽くしていたことから、制約のある財政と限られた産業基盤に見合った、控えめで現実的な目標を立てた。1950年の海軍建軍会議で、蕭勁光と彼の副官らは高速攻撃艇、潜水艦、陸上航空機からなる沿岸防衛部隊の方針を打ち出した。この建軍計画は壮大さには程遠かったが、沿岸防衛という中国海軍の戦略に沿ったものだった。しかしながら、これらの控えめの目標は最終的には朝鮮戦争の緊急事態によって潰《つい》えてしまった。代わりに、乏しいリソースは空軍に振り向けられた。

共産党はかつての敵から支援を得ようとしたが、疑念と敵意は双方に深く流れていた。海軍指揮官らにとって、元国民党軍人を幹部に同化させるのは難しかった。共産党軍幹部は、元国民党軍人のことを幹部や部隊のイデオロギーを潜在的に汚す存在だとみなし、強い抵抗があった。両陣営の間の論争や口論は元国民党軍兵の脱走にさえつながった。元国民党軍将校が共産党軍への助言を任せられるほど実利主義はイデオロギーに優先された。だが、それは共産党の度量が大きかったからではなく、むしろ必要に迫られてのものだった。

PLAの作戦実績は玉石混交だった。確かに海南島の占領は重要な功績だった。しかし、勝利は、慢心と計画不足、下手な実行の結果だった金門島と登歩島での失敗を踏まえて評価されなければならない。共産党軍は、蔣介石の台湾防衛強化に貢献する国民党軍の約17万5000人が舟山島と海南島から撤退することを阻止できなかった。さらに、PLAの記録は、海南作戦と万山作戦で成功した際の損害の程度を曖昧にしているようだ。したがって、共産中国の海洋進出については、PLAの歴史において重要なエピソードを誇張も否定もせず、バランスの取れた見方をすることが重要である。

今後の研究課題

共産中国による初めての海洋進出に関する最初の今調査は、今後の研究の出発点となる。第一に、本研究で引用した公式の戦史を含む重要な資料の多くは、1950年代、1960年代、1970年代に行われたオフショア作戦を取り上げている。PLAにとって初の近代的合同作戦と喧伝される1955年の一江山作戦は特に自信を与えるものだった。現地で作戦を指揮したのはほかでもない張愛萍だった。1965年のいわゆる東山八六海戦で、PLANは国民党海軍に対して初の艦隊対艦隊の交戦を実施し、勝利を収めた。1974年の西沙海戦は、その四半世紀前に展開された戦術的傾向の多くが見られた。[*1] 海との初期の遭遇をその後の作戦につなげようとする広範な歴史的調査は、西側アナリストが中国の戦略、作戦、ドクトリンのパターンと継続性の見極めに役立ち、オブザーバーに1949年と1950年の成長期の体験がどの程度、PLAに永続的な影響を及ぼしたかの評価を可能にするだろう。

第二に、オープンソースの記録は、PLAが外国の水陸両用作戦から学ぶためにかなりの知的エネルギーを傾けたことを連想させる。記録には、欧州と太平洋戦域での関連作戦を検証する第2次大戦に関する複数巻のPLA研究が含まれる。[*2] 中国の戦略家たちはガダルカナルの激しい戦いから硫黄島と沖縄の流血戦までのケーススタディーを熟読していた。[*3] 彼らはまた、朝鮮戦争の仁川上陸やフォークランド諸島をめぐる闘いなど戦後の作戦についても調査していた。PLAが近代的な水陸両用能力の獲得に重点を置く急速な近代化を続ければ、同等や同等に近い敵国間の過去の高度な通常戦闘は、中国軍にとってこれまで以上に関連性を持つだろう。

第三に、研究者は1950年以降のPLAの知的開発の軌跡をさらに探ることもできる。オクラホマ大学教授の李小兵が説得力をもって論じている通り、PLAは朝鮮戦争の戦中と戦後で、壮大なドクトリンと戦力構成の転換を経験した。朝鮮戦争の後、PLA指導者たちは軍がどの程度、自らの伝統を守るべきか、またはソ連モデルに従うかをめぐって内部で議論した。議論は1950年にPLAN内で行われた議論に似ていた。この議論は、中国流のやり方でPLAを発展させていくと主張した劉伯承と、ソ連軍の考え方をすべて採用することを提唱した彭徳懐に象徴されていた。[*4] 1950年、蕭勁光が国内外の考え方でバランスを取ろうとした一方、彭が支持するソ連派は朝鮮戦争後、幅を利かせ、彭がPLAで厳格なソ連化計画を推進することを可能にした。アナリストたちは、本研究をその後の国民党知識層の影響力の行方を判断するためのベースラインとして利用することができる。また、文化大革命やほかの政治的激変がPLANに残る国民党軍の足跡をどの程度、崩壊し、あるいは解体させたかを見極めることもできる。

最後に、本研究は明らかに共産党の経験に関する一方的なストーリーである。戦争はもともと相互作用的な戦いだ。それを説明するためには、全戦闘員の話を聞かなければならない。本研究は島嶼作戦に関していくつかの中華民国の回顧録を参照したが、国民党の見解を取り入れた、より完璧な歴史はさらに研究の価値を高めるだろう。国民党軍の現地指揮官たちは、1949年と1950年に起きた出来事について、正反対ではないがほぼ間違いなく異なる見解を持っていた。国民党側のストーリーは、共産党の偏見や明白な虚偽を暴くことに役立つだろう。PLAの水陸両用作戦を国民党軍の守備隊がどのように見て、解釈したかを記録することは、共産党が伝え、語り継いできたことの空白を埋めるのに役立つかもしれない。こうした報告は、共産党軍の作戦的才気のおかげで勝利したのか、あるいは国民党軍の無能さと士気の低下で敗北したのかをよりよく判断する材料になりうるだろう。

厳選された国民党軍とCIAのオフショア作戦の報告が示すように、PLAの記録は共産党軍の利益を誇張し、損失を軽視する傾向がある。海南島の防衛にあたった国民党軍の薛岳将軍の部隊は、1950年2月と3月の暴動鎮圧作戦の際、かなりの損失を瓊崖縦隊に与えた。瓊州海峡を渡って、共産党軍の潜入工作の第1陣が投入された理由は、包囲された瓊崖縦隊へのてこ入れだった。さらに、海南島に増援と補給を送るという差し迫った必要性は、縦隊の資源と兵力は記録が伝えるほど豊富ではなかったことを示唆する。海南島を出入りする共産党軍を阻止しようとする国民党軍の妨害についても記録で書かれている以上に、共産党軍に大きな損失を与えていたとみられる。同様に、米インテリジェンスの報告書も中華民国海軍が、万山作戦の第一段階でPLAの水陸両用部隊に対して打撃を与えていることを明かしている。記録はまた、PLAにとってお世辞抜きでも良いとはいえない重要な出来事については意識的に沈黙している。国民党軍が舟山諸島から12万5000人を撤収させたことを阻止、あるいは少なくとも混乱させることができなかったことにはほとんど言及されていない。PLAの作戦成功をいかせず、国民党が完全崩壊したにもかかわらず、海南島から5万人の国民党軍の撤収を阻止できなかったことも説明されていない。従って、中華民国の公文書や二次資料を活用した、もっとバランスのとれたナラティブが将来の研究者を待ち受けている。

過去を再評価する時

長年にわたって、西側研究者たちは、創設期の中国海軍は単なる海軍に扮した陸軍に過ぎないと主張してきた。彼らは張愛萍や蕭勁光の役割を軽視し、彼らのイデオロギー的経歴と、毛沢東と中国共産党への忠誠心だけで選ばれた尖兵とみなしていた。[*5] 本研究では、こうした否定的な描写が一般化し過ぎたことを示す。毛の軍隊は海に出て、戦闘の過酷な試練を通じて、苦労して得た経験を蓄積し、ドクトリンを考案し、PLAの独特の作戦スタイルを海洋戦域に適用した。PLAは独立した組織を持ち、集中的に敵と戦闘環境と関わり、短期間で多くを学んだ。1949年と1950年は、際立って生産的な期間だった。

この起源の物語は、中国人が語るように共産中国の初めての海との出会いに新たな光を当てている。PLAは鈍重でも無能でもなかった。自分たちの意志で行動し、その意志を敵に押し付けることの方が多かった。本研究で対象となった記録は、この創設期の歴史は創造性と誇りの源であり、PLAの組織理念の中核であることを示す。もし、過去に関するPLAの解釈が個人の内なる独白に例えられるのであれば、それは肯定的な独り言だと理解すればよい。このように、外部オブザーバーがこの歴史を誤解、あるいは見逃していたら、PLAの目的、長所、短所だけでなく、PLAそのものを見誤る危険がある。

それゆえに、この歴史はPLAウォッチャーに、海洋領域において中国軍が創設された時期の理解の修正を促すものである。初期の海洋での中国の行動は、共産党が直面した壮大な課題とPLAに課せられた圧倒的な資源の制約に照らして判断されなければならない。これらの基準でいえば、PLAには誇るべきものが多い。この歴史はまた、米国の政策立案者に近年の中国海軍の成果を適切な歴史的文脈に位置付けることを促すものだ。デール・ディエーレが説得力をもって論じるように、米側の「非歴史的な傲慢さ」はあまりにも長い間、米国政策立案者の認識を捻じ曲げてきた。[*6] 中国に対するこのような過度の自信と、それに伴う侮蔑によって、戦略コミュニティーは手ごわい敵へと革新し近代化するPLAの能力を過小評価し続けてきた。共産中国と海との最初の接触について歴史的に深く理解することは、今日の中国の海軍力を評価する上で、実務者と学者に等しく、より多くの知識を授けるだろう。

解説

古森義久（麗澤大学特別教授）

中国人民解放軍海軍はいまや世界最大の海軍である。多様な艦艇の総数では長年の海の覇者とされてきたアメリカ海軍を上回る。米側の国防総省の最近の報告でも、中国海軍の軍用艦艇の総数は370隻、アメリカ海軍の294隻をはるかに越える。

ただし海軍の実際のパワーはもちろん艦艇の数では決まらない。各艦の持つ火力など性能による。その性能ではアメリカ海軍がなお世界一ではあるが、中国海軍の増強のペースがすさまじい。2030年には艦艇総数440を越え、その構成も航空母艦、潜水艦、ミサイル駆逐艦などの主力を大増強して、アメリカ海軍を圧倒しかねない展望なのである。

本書『毛沢東の兵、海へ行く』はその中国海軍の生い立ちと特徴について詳述している。著者はアメリカでの中国海軍研究では第一人者とされるトシ・ヨシハラ氏である。

この書によって中国人民解放軍海軍の出自や発展のプロセス、さらにはその基本戦略を知ることは、日本の安全保障にとっても貴重な指針を得ることになる。いや中国海軍の実態を熟知することはいまの国際情勢を揺さぶる米中両国の対立でのアメリカ側にとっても自国の存亡にさえかかわるほどの戦略的認識の基盤だといえよう。

中国の海軍力は日本の国家安全保障にとっても最大の脅威となってきた。日本の固有の領土の尖閣諸島周辺に対する中国側の武装艦艇の連日のような侵入は、その象徴である。

日本の領海やそのすぐ外縁の接続水域に頻繁に侵入する中国側の艦艇は先駆が中国海警の所属とされる。だが中国海警という機構は中国人民解放軍の海軍の直轄下にある。しかも実際に中国海警が使って尖閣周辺の日本領海に送りこんでくる艦艇は「公船」と呼ばれるが、つい最近まで中国海軍に所属していた数千トン、あるいは1万トン以上の軍艦なのである。

さらに尖閣周辺の海域では日本側に侵入してくる中国海警の艦艇の背後にはいつも中国海軍の軍艦が控えている。いざという際に日本の海上自衛隊やアメリカ海軍との衝突に備えての布陣なのである。

中国海軍は米中対立のなかでも重要な役割を果たしてきた。アメリカが最大の懸念や警戒の対象とする中国側のアジアでの軍事膨張も現場での主役は中国海軍だった。

中国は2013年ごろから南シナ海で領有権紛争の続くスプラトリー諸島（中国名・南

沙諸島）を海軍力で制覇した。フィリピンやベトナムの領有権主張を問答無用として抑えつけての無法な軍事行動だった。

アメリカは当時、民主党のオバマ政権だった。リベラル派の軍事忌避の体質からか、オバマ政権はこの中国の軍事行動に明確な対応をしなかった。だがアメリカ全体としてはやがて中国のこの軍事拡張への警戒を急速に高めていく。

そして２０１７年に登場した共和党トランプ政権は中国の軍事的野望への正面からの対決を宣言して、米中両国の本格的な対立が始まったのだった。いまや米中対立は全世界に影響を及ぼす一大激動である。その契機となった中国側の軍事動向の先兵が中国海軍だったのである。

ましてバイデン政権下の現在では中国が台湾を軍事攻撃することによる台湾有事が切迫感さえもたらす重大な危機シナリオとなった。台湾有事は当然ながら日本にも国運を左右するような巨大な影響を及ぼす。その台湾有事の最大の主役も中国の海軍なのである。だから中国海軍の実態を総合的に知ることは日本、アメリカ、さらには全世界にとっても喫緊の戦略的作業だといえるのだ。

本書『毛沢東の兵、海へ行く』の著者トシ・ヨシハラ氏はこの作業には最適の人物であろう。

中華人民共和国という共産党独裁の国家は日本やアメリカの自由民主主義の政治システムと異なり、その現実の動向は秘密のベールに覆われている。対外的な公式発表と実際の動きとが大きく異なる国家活動の領域が多い。そのもっとも顕著なのは軍事だといえよう。軍事についての中国当局の公式言明などからは軍拡の実態はなにもわからない、ということである。

中国の実態を探る作業ではやはりアメリカが先頭に立っている。中国を長期にわたる競争相手、さらには脅威とみなし、その中国がふつうに考察するだけでは実態がわからないとなれば、自然に積極果敢の中国についての研究や調査を実施する。官民両方での広範で深層にわたる中国研究である。その対象では利害関係のぶつかる他国にとってもっとも危険な領域としての軍事が筆頭となる。

米側のその情報収集では政府のインテリジェンス（諜報）機関の中央情報局（CIA）や国家情報局（NSA）による秘密やハイテクの活動も枢要となる。その結果、取得された種々の情報の多くは民間の研究機関にも一定の守秘条件をつけて与えられる。だからアメリカ全体としての中国研究はまず基本情報が豊かとなるわけだ。

こうしていまのアメリカの中国研究は徹底しており、とくに中国の軍事の研究という分野には「ベスト・アンド・ブライテスト（もっとも優秀で聡明）」とも評される逸材が集まっている。ヨシハラ氏はそのなかでもとくに中国の海軍力や海洋戦略についての研究では先頭走者とされるのだ。

ヨシハラ氏はその名前からも明らかなように日系アメリカ人である。しかもその出自は中国との特別なかかわりをも含む。

彼は日本人の商社勤務の父、台湾人の母のもとに日本で生まれた。しかし幼児から父の台湾駐在にともない、台湾で育ち、少年時代からアメリカに移り、高等教育はすべてアメリカで受けた。アメリカでは大学時代から学術的な中国研究の道を歩み、やがてアメリカ海軍の中堅士官向けの高等再教育機関の海軍大学校に所属して、教授となる。

海軍大学校には付属の中国海洋研究所という機関が存在する。ヨシハラ氏はこの研究所でも上級研究員として調査や分析の活動を続けた。ヨシハラ氏はアメリカ北東部のニューポートという港町に存在する海軍大学校で研究と教育に十数年を過ごした後、ワシントンの戦略予算評価センター（ＣＳＢＡ）に移り、現在までその上級研究員として中国の軍事、とくに海洋戦略についての研究活動を継続している。

ヨシハラ氏の研究手法はその完璧に近い中国語の会話や読解の能力を駆使する点に特徴がある。中国側の人民解放軍や軍事科学院の文書を読みこなしたうえでの、中国の軍人や軍事研究家たちとの直接の意思疎通によるリサーチの積み重ねである。

私はヨシハラ氏との交流はもう十数年になるが、彼のオフィスを訪れると、いつも中国側の軍事関連の文書や文献が山のように収集されているのが目立つ。また彼は「私が中国側の軍人や研究者と中国語で会話をしていると、話しがはずみ、先方が私がアメリカ人であることをつい忘れ、同僚と会話しているように錯覚しているなと感じることがよくあります」と冗談まじりに告げたことがある。

ヨシハラ氏の中国語の能力や、そのアジア民族の風貌や挙措が中国側につい錯覚を生む、という意味である。それほど中国側との自然な交流ができるという特質のわけだ。

本書『毛沢東の兵、海へ行く』の内容はタイトル通り、中国の内戦で国民党軍を地上戦で破った人民解放軍は当時、陸軍しか保有せず、それがその内戦の最終段階で海軍の必要性に迫られたという地点から出発する。

1949年の中国の建国宣言の前後には海軍力がゼロに近かった人民解放軍が現実の必要に駆られて海軍を大あわてで増強していくプロセスが生き生きとした状況の描写により説明される。とくに1949年10月、台湾海峡の金門島に逃げこんだ国民党軍を撃退しようと毛沢東麾下《きか》の急造の海軍部隊が攻撃をかけ、大敗戦に終わったという戦史は興味深い。人民解放軍側は数日で1万人近い戦死者を出し、金門島攻略をあきらめ、その状況は現在にまで不変のままだというのだ。

また中国海軍が対外的に初めて本格的海戦で勝利をおさめた1974年1月の南シナ海のパラセル諸島（中国名・西沙諸島）への攻撃についてのヨシハラ氏の解説もおもしろかった。

パラセル諸島はそれまでベトナム共和国（南ベトナム）が支配してきた。南ベトナムはベトナム戦争で北ベトナムと戦い、滅ぼされた国家だった。その闘争はアメリカ軍に全面支援されていたのだが、1974年1月という時点ではアメリカは撤退を宣言していた。南ベトナムはつまり国家としてきわめて弱い立場にあったわけだ。

中国海軍はそんな弱点を狙って、パラセル諸島守備の南ベトナム海軍に奇襲をかけた。しかも10倍以上の規模の兵力を投入した。そこからヨシハラ氏が得た分析は中国海軍の政治状況の読み、圧倒的優位の兵力投入、奇襲攻撃というような軍政戦略だったという。

私がこの攻撃にとくに強い関心を抱いたのは実はその当時、南ベトナムの首都サイゴンに駐在して、報道にあたっていたからだった。時の南ベトナム政府代表が「中国の不当な奇襲攻撃による領土の奪取」を口惜しげに、記者発表した光景も覚えている。

このようにヨシハラ氏の『毛沢東の兵、海へ行く』は中国海軍のあり方をまず歴史上の縦の糸でたどって解析し、さらに現代の巨大な中国海軍の体質や傾向という特徴を横の糸で編み出し、中国の脅威にどう対処するかに苦慮する側への貴重な指針としているといえる。

no. 9 (May 2009): 7.
25. 沈金龙 秦生祥 [Shen Jinlong and Qin Shengxiang], " 人民海军：杨帆奋进 70 年 " [People's Navy: Sailing and Forging Ahead for 70 Years], 求是 [Qiushi], no. 8 (April 2019), http://www.qstheory.cn/dukan/qs/2019-04/16/c_1124364140.htm.
26. 杜景臣 主编 [Du Jingchen, ed.], 中国海军军人手册 [Handbook for Officers and Enlisted of the Chinese PLA Navy] (Beijing: Haichao, 2012), 570.
27. 刘华清 [Liu Huaqing], 刘华清军事文选 [Selected Military Writings of Liu Huaqing] (Beijing: Liberation Army Press, 2008), 588.
28. Edward J. Marolda, *Ready Seapower: A History of the U.S. Seventh Fleet* (Washington, DC: Naval History and Heritage Command, 2012).

第 9 章

1. Toshi Yoshihara, "The Paracels Sea Battle: A Campaign Appraisal," *Naval War College Review* 69, no. 2 (Spring 2016): 41–65.
2. 军事科学院军事历史研究部 [Military History Research Department of the Academy of Military Science], 第二次世界大战史 1–5 卷 [History of World War II, Vols. 1–5] (Beijing: Academy of Military Science, 2015).
3. 王文清 梁玉师 郁汉冲 [Wang Wenqing, Liang Yushi, and Yu Hanchong], 中外岛战 [Chinese and Foreign Island Wars] (Beijing: Liberation Army Press, 2009), 13–107; and 孙剑波 主编 [Sun Jianbo, ed.], 岛屿战争 [Island Warfare] (Beijing: NORINCO Press, 2003).
4. Xiaobing Li, *A History of the Modern Chinese Army* (Lexington: University of Kentucky Press, 2007), 119–29.
5. Bernard D. Cole, *The Great Wall at Sea: China's Navy Enters the Twenty-First Century*, 2nd ed. (Annapolis, MD: Naval Institute Press, 2001), 7–8.
6. Dale C. Rielage, "The Chinese Navy's Missing Years," *Naval History* 32, no. 6 (November–December 2018): 24, https://www.usni.org/magazines/naval-history-magazine/2018/december/chinese-navys-missing-years.

15. Conor Kennedy, "Ramping the Strait: Quick and Dirty Solutions to Boost Amphibious Lift," *China Brief* 21, no. 14, (July 2021), https://jamestown.org/program/ramping-the-strait-quick-and-dirty-solutions-to-boost-amphibious-lift/.
16. Thomas Shugart, "Mind the Gap: How China's Civilian Shipping Could Enable a Taiwan Invasion," *War on the Rocks*, August 16, 2021, https://warontherocks.com/2021/08/mind-the-gap-how-chinas-civilian-shipping-could-enable-a-taiwan-invasion/.
17. J. Michael Dahm, *Chinese Ferry Tales: The PLA's Use of Civilian Shipping in Support of Over-the Shore Logistics* (Newport, RI: China Maritime Studies Institute, Naval War College, 2021), 1, https://digital-commons.usnwc.edu/cmsi-maritime-reports/16/.
18. Dahm, 55.
19. Andrew Erickson and Austin M. Strange, *Six Years at Sea . . . and Counting: Gulf of Aden Anti-Piracy and China's Maritime Commons Presence* (Washington, DC: Jamestown Foundation, June 2015), 50.
20. Chad Peltier, *China's Logistics Capabilities for Expeditionary Operations*, report by Jane's prepared for the U.S.-China Economic and Security Review Commission, December 16, 2019, 54–58, https://www.uscc.gov/research/chinas-logistics-capabilities-expeditionary-operations.
21. Jude Blanchette, Jonathan E. Hillman, Maesea McCalpin, and Mingda Qiu, "Hidden Harbors: China's State-Backed Shipping Industry," *CSIS Brief*, July 2020, https://www.csis.org/analysis/hidden-harbors-chinas-state-backed-shipping-industry.
22. William P. Mack and Royal W. Connell, *Naval Ceremonies, Customs, and Traditions*, 5th ed. (Annapolis, MD: Naval Institute Press, 1980).
23. 吴胜利 胡彦林 [Wu Shengli and Hu Yanlin], " 锻造适应我军历史使命要求的强大人民海军 " [Building a Powerful People's Navy That Meets the Requirements of the Historical Mission for Our Military], 求是 [Qiushi], no. 14 (July 2007): 32.
24. 吴胜利 刘晓江 [Wu Shengli and Liu Xiaojiang], " 建设一支与履行新世纪新阶段我军历史使命要求相适应的强大的人民海军 " [Building a Powerful People's Navy Adapted to Requirements of Honoring New Historic Missions of the Chinese Military in the New Century and New Stage], 求是 [Qiushi],

The Chinese High Command: A History of Communist Military Politics (New York: Praeger, 1973).
2. William Whitson, "The Field Army in Chinese Communist Military Politics," *China Quarterly*, no. 37 (March 1969): 11.
3. 陈相灵 汪海波 张小明 宋慧 主编 [Chen Xiangling, Wang Haibo, Zhang Xiao ming, and Song Hui, eds.], 第三野战军的 16 个军 [The 16 Corps of the Third Field Army] (Beijing: National Defense University Press, 2015), 81–100.
4. Chen et al., 311–25.
5. Chen et al., 30–52.
6. 李力钢 池小泉 赵亚莉 主编 [Li Ligang, Chi Xiaochuan, and Zhao Yali, eds.], 第四野战军的 16 个军 [The 16 Corps of the Fourth Field Army] (Beijing: National Defense University Press, 2015), 154–76.
7. Li et al., 96–120.
8. Bruce Swanson, *Eighth Voyage of the Dragon: A History of China's Quest for Seapower* (Annapolis, MD: Naval Institute Press, 1982), 65–66.
9. John L. Rawlinson, *China's Struggle for Naval Development, 1839–1895* (Cambridge, MA: Harvard University Press, 1967).
10. Dennis J. Blasko, "A 'First' for the People's Liberation Army: A Navy Admiral Becomes a Joint, Regional, Commander," *China Brief* 17, no. 5 (March 2017), https://jamestown.org/program/first-peoples-liberation-army-navy-admiral-becomes-joint-regional-commander/.
11. Jeff W. Benson and Zi Yang, *Party on the Bridge: Political Commissars in the Chinese Navy* (Washington, DC: Center for Strategic and International Studies, June 2020), https://www.csis.org/analysis/party-bridge-political-commissars-chinese-navy.
12. Bernard D. Cole, *The Great Wall at Sea: China's Navy Enters the Twenty-First Century* (Annapolis, MD: Naval Institute Press, 2001), 177.
13. China Aerospace Studies Institute, *PLA Aerospace Power: A Primer on Trends in China's Military Air, Space, and Missile Forces*, 2nd ed. (Montgomery, AL: Air University Press, 2019), 36.
14. Ian Burns McCaslin and Andrew S. Erickson, *Selling a Maritime Air Force: The PLAAF's Campaign for a Bigger Maritime Role* (Washington, DC: China Aerospace Studies Institute, 2019), 42–43.

军事历史研究 [Military History Research], no. 2 (1989): 23.
2. 丁一平 李洛荣 龚连娣 [Ding Yiping, Li Luorong, and Gong Liandi], 世界海军史 [World Naval History] (Beijing: Haichao, 2000), 723. 主著者の丁一平副提督は、北海艦隊司令官（2000-2003）、PLAN副司令官（2006-14）、PLAN 参謀長（2006-8）を歴任した。
3. Frank Dikotter, *The Tragedy of Liberation: A History of the Chinese Revolution, 1945–57* (New York: Bloomsbury, 2013).
4. 王厚卿 主编 [Wang Houqing, ed.], 战役发展史 [The History of Campaign Devel-opment] (Beijing: National Defense University Press, 2008), 557–58.
5. 赵焕明 [Zhao Huanming], " 金塘岛 , 登步岛 , 金门岛登陆作战的经验教训和启示 " [The Lessons and Implications of the Jintang Island, Dengbu Island, and Jinmen Island Landing Operations], 军事历史 [Military History], no. 6 (2001): 3–7.
6. Zhao, 7.
7. 张连宋 王其云 主编 [Zhang Liansong and Wang Qiyun, eds.], 由海向陆的战争生命线 中外重要登陆作战的后勤保障 [War's Lifeline from the Sea to the Land: Logistical Support in Important Landing Operations in China and Overseas] (Bei-jing: Haichao, 2005).
8. Zhang and Wang, *War's Lifeline from the Sea to the Land*, 182.
9. 刘兴 刘畅 李远星 [Liu Xing, Liu Chang, and Li Yuanxing], " 金门战役民船保障存在的问题及启示 " [The Problems of Civilian Transport Support during the Jinmen Campaign and Their Implications], 军事交通学院学报 [Journal of Military Trans-portation University] 17, no. 2 (February 2015): 20–23.
10. 窦超 [Dou Chao], " 让历史告诉我们—金门战斗之教训及对未来登陆战的启示和思考 " [Let History Tell the Future—The Lessons of Jinmen Combat and the Implications and Thoughts on Future Landing Operations], 舰载武器 [Shipborne Weapons], no. 4 (2008): 46–51.
11. Dou, 50.
12. Dou, 51.

第8章

1. この現象に関する古典的名著は以下を参照のこと。William W. Whitson,

Fourth Field Army, 621.

63. 梁芳 主编 [Liang Fang, ed.], 海战史与未来海战研究 [The History of Sea Battles and Research on Future Sea Battles] (Beijing: Haiyang, 2007), 195. Senior Colonel Liang Fang is a professor in the strategy department at the PLA National Defense University.
64. Zhu, *Volume on Riverine and Island Combat*, 408.
65. CIA によると、共産党軍は旧国民党軍の砲艦 4 隻、上陸用舟艇 2 隻、モーターボート 200 隻、ジャンク 100 隻を保有していたという。CIA Information Report, "Chinese Communist Strength, Chungshan," June 28, 1950, CREST, CIA-RDP82-00457R005100710004-7.
66. この作戦に先立つ数カ月間、共産党は 500 隻の漁船に PLA の監視員を乗せ、万山諸島を偵察し、国民党の海軍パトロールのパターンとタイミングを追跡した。CIA Information Report, "Communist Plans for Wanshan Assault," March 29, 1950, CREST, CIA-RDP82-00457R004600260012-4.
67. Zhu, *Volume on Riverine and Island Combat*, 409.
68. Zhu, 410–11.
69. Zhu, 410–11.「桂山」がどのように攻撃を受けたかについては、いくつかの食い違う説が存在する。別の説では、「桂山」は青州島と三角島に兵力を投入する途中だった。しかし、馬湾港の混乱から逃れた国民党の船が「桂山」を妨害し交戦したという。この説については以下を参照のこと。Liang, *The History of Sea Battles and Research on Future Sea Battles*, 196.
70. Zhu, *Volume on Riverine and Island Combat*, 411.
71. Zhu, 411.
72. CIA Information Report, "Communist Military Losses in Wanshan (Ladrone) Islands," June 7, 1950, CREST, CIA-RDP82-00457R005000490005-2.
73. Zhu, *Volume on Riverine and Island Combat*, 415.
74. Zhu, 413.

第 7 章

1. 张晓林 班海滨 [Zhang Xiaolin and Ban Haibin], " 渡江战役与人民海军的创建 " [The Cross-River Campaign and the Founding of the People's Navy],

45. Editorial Team of the Fourth Field Army's War History, *War History of the Fourth Field Army*, 611.
46. 第 3 章参照。金門作戦では、第 28 軍第 82 師団が第 29 軍の連隊を含む全軍の総指揮権を有していた。舟山作戦では、第 22 軍が作戦の全責任を負い、第 21 軍第 61 師団の指揮権も与えられた。このような混成した指揮関係によって、連携、通信、指揮統制には深刻な問題が生じた。
47. Editorial Team of the Fourth Field Army's War History, *War History of the Fourth Field Army*, 611–12.
48. Wang et al., *Chinese and Foreign Island Wars*, 212–13.
49. Editorial Team of the Fourth Field Army's War History, *War History of the Fourth Field Army*, 612.
50. PLA の正史は、共産党軍の損失の程度を明らかにしていない。
51. Editorial Team of the Fourth Field Army's War History, *War History of the Fourth Field Army*, 613.
52. Chen, "Research on the Suppression Efforts in the Hainan Island Campaign," 101.
53. Editorial Team of the Fourth Field Army's War History, *War History of the Fourth Field Army*, 617.
54. Chen Weizhong, "Research on the Suppression Efforts in the Hainan Island Campaign," 107.
55. 朱冬生 主编 [Zhu Dongsheng, ed.], 江河海岛作战卷 [Volume on Riverine and Island Combat] (Beijing: Liberation Army Press, 2010), 393.
56. Editorial Team of the Fourth Field Army's War History, *War History of the Fourth Field Army*, 619.
57. Editorial Team of the Fourth Field Army's War History, 623–28.
58. Chen, "Research on the Suppression Efforts in the Hainan Island Campaign," 108–11.
59. Editorial Team of the Fourth Field Army's War History, *War History of the Fourth Field Army*, 620.
60. Editorial Team of the Fourth Field Army's War History, 621.
61. 陆儒德 [Lu Rude], 中国海军之路 [The Path of the Chinese Navy] (Dalian: Dalian Press, 2007), 238.
62. Editorial Team of the Fourth Field Army's War History, *War History of the*

[Wang Wenqing, Liang Yushi, and Yu Hanchong], 中外岛战 [Chinese and Foreign Island Wars] (Beijing: Liberation Army Press, 2009), 207–8.

31. Editorial Team of the Fourth Field Army's War History, *War History of the Fourth Field Army*, 608.

32. この作戦の詳細については以下を参照のこと。宋维栻 [Song Weizhen], "'叶挺独立团'跨海征琼崖—忆海南岛战役中的第 127 师" ["Yeting Independent Group" Cross-Sea Mission to Qiongya—In Remembrance of the 127th Division in the Hainan Campaign], 军事历史 [Military History], no. 4 (2001): 67–71. Brig. Gen. 宋維栻は元福州軍区副政治委員で、海南作戦中、第 127 師団の政治委員として突撃作戦に参加した。

33. Yang, *Creating the Miraculous Cross-Sea Operations*, 165.

34. Editorial Team of the Fourth Field Army's War History, *War History of the Fourth Field Army*, 609.

35. Chen, "Research on the Suppression Efforts in the Hainan Island Campaign," 89.

36. Chen, 91.

37. Chen, 91.

38. Chen, 95. 著者は、この数字が共産主義者の損害を過大に見積もり、潜入に成功した人数を控えめにしている可能性が高いことを認めている。

39. CIA Information Report, "Communist Preparations for Hainan Invasion: Nationalist Naval Patrols, Hainan," February 23, 1950, CREST, CIA-RDP82-00457R00 4400300009-8.

40. CIA Information Report, "Nationalist Naval Forces, Hainan," March 14, 1950, CREST, CIA-RDP82-00457R004500110003-1.

41. CIA Information Report, "Situation, Hainan; Supply of Nationalist Guerillas, China Mainland," March 17, 1950, CREST, CIA-RDP82-00457R004500400003-9.

42. CIA Information Report, "Nationalist Operations against Communist Landings and Guerillas, Hainan," March 27, 1950, CREST, CIA-RDP82-00457R004600100007-7.

43. CIA Information Report, "Nationalist Military Operations, Hainan," March 28, 1950, CREST, CIA-RDP82-00457R004600160004-4.

44. CIA Information Report, "Communist Landings, Hainan," April 17, 1950, CREST, CIA-RDP82-00457R004700420004-7.

Fourth Field Army, 596–97.

16. Editorial Team of the Fourth Field Army's War History, 597–98.
17. Editorial Team of the Fourth Field Army's War History, 599. CIA によれば、共産党は3月初旬までに、広東省陽江から広西チワン族自治区の欽州に至る本土南部の海岸沿いで、3月上旬までに最大1400隻の船を徴用したという。CIA Information Report, "Chinese Communist Military Activities, South Kwangtung," March 10, 1950, CREST, CIA-RDP82-00457R004500110002-2.
18. Editorial Team of the Fourth Field Army's War History, *War History of the Fourth Field Army*, 599–601.
19. 大砲には、共産党が国民党から鹵獲したアメリカ製の75ミリ野砲も含まれていた。CIA Information Report, "Communist Order of Battle, Hainan and Kwangtung," February 20, 1950, CREST, CIA-RDP82-00457R004400110008-0.
20. Yang, *Creating the Miraculous Cross-Sea Operations*, 111–12.
21. Editorial Team of the Fourth Field Army's War History, *War History of the Fourth Field Army*, 602.
22. Editorial Team of the Fourth Field Army's War History, 602–3.
23. 国民党の対反乱軍作戦の優れた要約については以下を参照のこと。陳偉忠 [Chen Weizhong], "戡亂海南島戰役之研究" [Research on the Suppression Efforts in the Hainan Island Campaign], 軍事評論史 [Military History Review], no. 27 (June 2020): 75–78.
24. 王伟 张德彬 主编 [Wang Wei and Zhang Debin, eds.], 渡海登岛：战例与战法研究 [Cross-Sea Island Landings: Research on Case Studies and Tactics] (Beijing: Military Science Press [military circulation], 2002), 37; and Yang, *Creating the Miraculous Cross-Sea Operations*, 199.
25. Editorial Team of the Fourth Field Army's War History, *War History of the Fourth Field Army*, 604–5.
26. Editorial Team of the Fourth Field Army's War History, 605–6.
27. Wang and Zhang, *Cross-Sea Island Landings*, 38.
28. Editorial Team of the Fourth Field Army's War History, *War History of the Fourth Field Army*, 607–8.
29. Wang, *Island Landing Combat*, 25.
30. For a blow-by-blow account of the engagement, see 王文清 梁玉师 郁汉冲

6. Xiaobing Li が指摘するように、「中国の現存する記録に、1949 年 10 月 28 日以前に金門作戦について上層部が真剣に議論した形跡は残っていない」。まさにこの日が、共産党連隊が金門で全滅した日だった。Xiaobing Li, *A History of the Modern Chinese Army* (Lexington: University of Kentucky Press, 2007), 131.
7. Editorial Team of the Fourth Field Army's War History, *War History of the Fourth Field Army*, 590–91.
8. 魏碧海 [Wei Bihai], "海南岛战役渡海登陆作战的历史经验与思考" [The Historical Experience of and Thoughts on the Cross-Sea Landing Operations of the Hainan Island Campaign], 军事历史 [Military History], no. 1 (2001): 8.
9. 瓊崖縦隊と、数十年にわたる海南の反乱の詳細な歴史については、以下を参照のこと。陈泽华 [Chen Zehua], 解放战争海南敌后游击战纪实 [A Documentary of Guerrilla Warfare behind Enemy Lines on Hainan during the War of Liberation] (Beijing: Liberation Army Press, 2011). 著者は広州軍区政治部編集局長。
10. Editorial Team of the Fourth Field Army's War History, *War History of the Fourth Field Army*, 586. CIA によれば、瓊崖縦隊は 5 個師団、約 17,500 人の兵員を率いていた。CIA Information Report, "Communist Order of Battle, Hainan," April 11, 1950, CREST, CIA-RDP82-00457R004600580012-9.
11. 杨迪 [Yang Di], 创造渡海作战的奇迹—解放海南岛战役决策指挥的真实记叙 [Creating the Miraculous Cross-Sea Operations—The True Story behind the Campaign Command Decisions in Liberating Hainan Island] (Beijing: Liberation Army Press, 2008), 41. 著者は海南作戦の第 15 軍作戦部門の主任で、前線司令部の一員として作戦計画と主要な決定に深く関与した。
12. Editorial Team of the Fourth Field Army's War History, *War History of the Fourth Field Army*, 593–94.
13. Yang, *Course Materials on the Chinese People's Liberation Army's War History*, 158.
14. 広州会議に関する優れた記述については、以下を参照のこと。Yang, *Creating the Miraculous Cross-Sea Operations*, 67–78.
15. Editorial Team of the Fourth Field Army's War History, *War History of the*

Dengbu Island," 25.

66. Kuang, "Research on Dengbu Island Combat," 123–26.
67. 鄭維中 王懷慶 [Zheng Weizhong and Wang Huaiqing], "1950 年國軍舟山轉進作戰情報作爲與得失啓示" [The 1950 Nationalist Information Operations during the Zhoushan Withdrawal and the Lessons from the Gains and Losses], 陸軍學術雙月刊 [Army Bimonthly] 56, no. 574 (December 2020), 84.
68. Editorial Office of the Nanjing Military Region, *War History of the Third Field Army*, 408.
69. Zheng and Wang, "The 1950 Nationalist Information Operations during the Zhoushan Transition," 91.
70. 中華民国の研究では、舟山からの撤退は、イギリスの有名なダンケルク撤退作戦と同様に、国民党の作戦上の大成功として扱われていることは注目に値する。晏楊清 [Yan Yangqing], "國軍撤守舟山轉進臺灣之研究" [Research on Nationalist Withdrawal from Zhoushan and Transition to Taiwan], 軍事史評論 [Military History Review], no. 27 (June 2020): 142–43.

第6章

1. 海南作戦に関する初期の包括的な記述については、以下を参照のこと。Reed Richards Probst, "The Communist Conquest of Hainan Island" PhD diss., George Washington University, 1982.
2. 第四野战军战史编写组 [Editorial Team of the Fourth Field Army's War History], 第四野战军战史 [War History of the Fourth Field Army of the People's Liberation Army] (Beijing: Liberation Army Press, 2008), 585. The official history was originally published in 1998.
3. 1月16日の CIA 情報報告書によると、薛岳は、5個兵団とその他の独立部隊、そして空軍と海軍を指揮し、その兵力は15万人にのぼったと主張している。CIA Information Report, "Nationalist Military Information, Hainan," January 16, 1950, CREST, CIA-RDP82-00457R004200040010-4.
4. Editorial Team of the Fourth Field Army's War History, *War History of the Fourth Field Army*, 586.
5. Editorial Team of the Fourth Field Army's War History, 589–95.

54. Editorial Office of the Nanjing Military Region, 404.

55. 户辉 郑怀盛 [Hu Hui and Zheng Huaisheng], " 登步岛渡海登陆作战经过与思考 " [The Conduct of the Cross-Sea Landing Operation against Dengbu Island and Some Thoughts], 军事历史 [Military History], no. 3 (2007): 22. 戸輝は第 21 軍の作戦参謀長だった。

56. 毕建忠 [Bi Jianzhong], " 登步岛战斗受挫的原因与启示 " [The Causes and Implications of the Setback during the Dengbu Island Combat], 军事历史 [Military History], no. 1 (2000): 7. 著者は中国軍事科学院の歴史家である。

57. 況正吉 [Kuang Zhengji], " 登步島戰鬥之研究 " [Research on Dengbu Island Combat], 軍事史評論 [Military History Review], no. 26 (June 2019): 104–5.

58. 第 3 野戦軍の正史では国民党は 4 連隊を派遣したとされ、一方で畢建忠は国民党は 3 連隊を派遣したと述べている。以下を参照のこと。*War History of the Third Field Army*, 406; および、Bi, "The Causes and Implications of the Setback during the Dengbu Island Combat," 8.

59. Hu and Zheng, "The Conduct of the Cross-Sea Landing Operation against Dengbu Island," 23.

60. 孫祥恩 主編 [Sun Xiangen, ed.], 登步島戰役 70 周年參戰官兵訪問記錄 [The 70th Anniversary of the Dengbu Island Campaign: A Record of Interviews with Veteran Officers and Troops] (Taipei: Administration Office of the ROC Ministry of National Defense, 2019), 20.

61. 王懷慶 [Wang Huaiqing], " 析論 1949 年金門及登步兩島作戰對國共雙方的影響與啓示 " [An Analysis of the 1949 Jinmen and Dengbu Island Operations and Their Influence and Lessons for the Nationalists and the Communists], 陸軍學術雙月刊 [Army Bimonthly] 55, no. 567 (October 2019): 16. 中華民国陸軍司令部が発行する定期刊行物で、著者は中華民国陸軍大佐、中華民国国防大学講師。

62. Wang, "An Analysis of the 1949 Jinmen and Dengbu Island Operations," 16.

63. Editorial Office of the Nanjing Military Region, *War History of the Third Field Army*, 406.

64. Bi, "The Causes and Implications of the Setback during the Dengbu Island Combat," 9–10.

65. Hu and Zheng, "The Conduct of the Cross-Sea Landing Operation against

Campaign: 70th Anniversary Memorial Book] (Taipei: ROC Ministry of National Defense Administration Office, 2019), 53–58. この巻では、国民党の視点から金門の戦いを概観する。

35. Chen, "The Guningtou Campaign," 14.
36. 刘统 [Liu Tong], 跨海之战：金门 海南 一江山 [Cross-Sea Battles: Jinmen, Hainan, and Yijiangshan] (Beijing: SDX Joint Publishing, 2010), 100–102.
37. Cong, "The Beginning to End of the Battle for Jinmen," 52.
38. Editorial Office of the Nanjing Military Region, *War History of the Third Field Army*, 389.
39. Editorial Office of the Nanjing Military Region, 389.
40. 陳偉忠 [Chen Weizhong], " 金門保衛戰之研析 " [Analysis of Defense of Jinmen], 軍事史評論 [Military History Review], no. 26 (June 2019): 77.
41. 杨贵华 主编 [Yang Guihua, ed.], 中国人民解放军战史教程 [Course Materials on the Chinese People's Liberation Army's War History] (Beijing: Military Science Press, 2013), 156.
42. He Di, "The Last Campaign to Unify China: The CCP's Unrealized Plan to Liberate Taiwan, 1949–1950," in *Chinese Warfighting*, ed. Ryan et al., 78.
43. Editorial Office of the Nanjing Military Region, *War History of the Third Field Army*, 390.
44. Yu, "The Battle of Quemoy," 91–107.
45. Chen, "Analysis of Defense of Jinmen," 90–91.
46. 陳明仁 [Chen Mingren], " 古寧頭戰役對我遂行島嶼登陸作戰之啟示 " [The Guningtou Campaign and Its Lessons for Carrying Out Island Landing Operations], 海軍學術雙月刊 [Navy Professional Journal] 54, no. 6 (December 2020): 134. 著者は中華民国海兵隊の大佐であり中華民国国防大学教員。
47. Ye, *Memoirs of Ye Fei*, 413.
48. Ye, 419–20.
49. Editorial Office of the Nanjing Military Region, *War History of the Third Field Army*, 400–401.
50. Editorial Office of the Nanjing Military Region, 401.
51. Editorial Office of the Nanjing Military Region, 402.
52. Editorial Office of the Nanjing Military Region, 403.
53. Editorial Office of the Nanjing Military Region, 404.

22. 王洪光 [Wang Hongguang], "对金门战役'三不打'的考证" [Research on the "Three No Strikes" Instruction regarding the Jinmen Campaign], 军事历史 [Military History], no. 4 (2012): 22.
23. Zhang et al., "What Were the Reasons for the Jinmen Failure?," 35.
24. Zang et al., 31.
25. 林福隆 [Lin Fulong], "金門古寧頭之戰：從戡亂到保臺" [The Battle of Jinmen Guningtou: From Suppression to Securing Taiwan], 軍事史評論 [Military History Review], no. 26 (June 2019): 30. この定期刊行物は中華民国国防部管理局が発行している。2019年6月号は金門・登歩島戦役70周年記念号。
26. 陈新民 徐国成 罗峰 主编 [Chen Xinmin, Xu Guocheng, and Luo Feng, eds.], 岛屿作战研究 [Research on Island Operations] (Beijing, Military Science Press [military circulation], 2002), 13. 本研究によれば、攻撃側と守備側の比率は1対4であった。
27. Ye, *Memoirs of Ye Fei*, 415.
28. 邢志远 [Xing Zhiyuan], "金门失利原因何在?" [What Were the Reasons behind the Jinmen Defeat?], 百年潮 [Hundred Year Tide], no. 1 (2003): 37. 著者は第244連隊の一員だった。
29. Chen, Xu, and Luo, *Research on Island Operations*, 14.
30. 丛乐天 [Cong Letian], "金门之战始末" [The Beginning to End of the Battle for Jinmen], 北京档案 [Beijing Files], no. 6 (2000): 52. 第244連隊の一員であった著者は、船不足のために大嶝島に取り残された一人だった。彼は金門で座礁した船が破壊されるのを目撃している。
31. 萧鸿鸣 萧南溪 萧江 [Xiao Hongming, Xiao Nanxi, and Xiao Jiang], 金门战役：记事本末 [The Jinmen Campaign: A Record of Events] (Beijing: China Youth Press, 2016), 243–50.
32. Editorial Office of the Nanjing Military Region, *War History of the Third Field Army*, 388.
33. 陳偉寬 [Chen Weikuan], "古寧頭戰役：海，空軍作戰研究" [The Guningtou Campaign: Research on Naval and Air Operations], 海軍學術雙月刊 [Navy Professional Journal] 53, no. 6 (December 2019): 13. この隔月刊の定期刊行物は中華民国国防本部による発行で、著者は元中華民国空軍大佐、中華民国国防大学講師である。
34. 王明瑞 [Wang Mingrui, ed.], 古寧頭戰役70周年紀念冊 [The Guningtou

Annals of the Liberation Army: History of the Liberation Army (1945–1949)] (Qingdao: Qingdao Press, 2014), 894.

6. 汪庆广 主编 [Wang Qingguang, ed.], 岛屿登陆战斗 [Island Landing Operations] (Beijing: Military Science Press [military circulation], 2001), 26.
7. 卓爱平 [Zhuo Aiping], "'漳夏金战役'金门失利原因探究" [An Investigation of the "Zhangzhou-Xiamen-Jinmen Campaigns" and the Cause of the Jinmen Defeat], 军事历史研究 [Military History Research], no. 1 (2003): 38.
8. Ye, *Memoirs of Ye Fei*, 415.
9. Editorial Office of the Nanjing Military Region, *War History of the Third Field Army*, 382–83.
10. Editorial Office of the Nanjing Military Region, 383–84.
11. Guo, *The Annals of the Liberation Army*, 896.
12. Guo, 897.
13. Guo, 898.
14. 頓挫した鼓浪嶼襲撃の顛末については、以下を参照のこと。陈广相 [Chen Guangxiang], "渡海解放鼓浪屿之战" [The Cross-Sea Battle to Liberate Gulang Islet], 党史纵览 [Overview of Party History], no. 6 (2016): 51–53. 著者は南京軍区政治部編集委員会の上級大佐であり、軍事史家。第 10 兵団第 29 軍史の著者である。
15. Guo, *The Annals of the Liberation Army*, 899.
16. Editorial Office of the Nanjing Military Region, *War History of the Third Field Army*, 385.
17. Guo, *The Annals of the Liberation Army*, 899.
18. Guo, 900.
19. Guo, 900.
20. 廈門作戦が金門作戦にどのような影響を及ぼしたかについては、以下の記事を参照のこと。Zhuo, "An Investigation of the 'Zhangzhou-Xiamen-Jinmen Campaigns' and the Cause of the Jinmen Defeat," 37–41.
21. 张茂勋 丛乐天 邢志远 [Zhang Maoxun, Cong Letian, and Xing Zhiyuan], "金门失利原因何在？" [What Were the Reasons for the Jinmen Failure?], 百年潮 [Hundred Year Tide], no. 1 (2003): 34. 3 人の著者はいずれも金門に向かった突撃部隊の隊員であり、大惨事をめぐる重要な出来事を目撃している。

50. Xiao, *Memoirs of Xiao Jinguang*, 227.
51. Xiao, 227. See also Deng Lifeng, *The Outline of the Military History of the People'sRepublic of China*, 187; and 师小芹 [Shi Xiaoqin], " 小型舰艇的历史定位与中国式均衡海军 " [The Historical Place of Small Combatants and a Balanced Navy with Chinese Characteristics], 军事历史 [Military History], no. 1 (2011): 38.
52. 刘道生 [Liu Daosheng], " 毛泽东，人民海军的缔造者 " [Mao Zedong, the Architect of the People's Navy], 湖南党史月刊 [Hunan Party History Monthly], no. 13 (1993): 6. 1950年から1953年まで、劉道生はPLANの副政委兼政治部主任だった。
53. Fang et al., *History of the Liberation Army*, 57.
54. 中国人民解放军军史编写组 [Editorial Team of the Chinese People's Liberation Army's Military History], 中国人民解放军军史 第四卷 [Military History of the Chinese People's Liberation Army, Vol. 4.] (Beijing: Academy of Military Science, 2011), 51.
55. Wu, *Blue Files*, 108.
56. Wu, "The Process of Developing the Navy's First Five-Year Buildup Plan," 39.
57. Wu, *Blue Files*, 108.
58. 吴殿卿 [Wu Dianqing], " 毛泽东与萧劲光大将 " [Mao Zedong and Xiao Jinguang], in 毛泽东与海军将领 [Mao Zedong and His Navy Generals], 主编 吴殿卿 袁永安赵小平 [Wu Dianqing, Yuan Yongan, and Zhao Xiaoping, eds.] (Beijing: People's Press, 2013), 33.

第5章

1. 叶飞 [Ye Fei], 叶飞回忆录 [Memoirs of Ye Fei] (Beijing: Liberation Army Press, 2007), 414.
2. 南京军区编辑室 [Editorial Office of the Nanjing Military Region], 中国人民解放军第三野战军战史 [War History of the Third Field Army of the People's Liberation Army] (Beijing: Liberation Army Press, 2008), 379. この研究は1996年に初めて発表された。
3. Editorial Office of the Nanjang Military Region, 379.
4. Ye, *Memoirs of Ye Fei*, 414.
5. 郭德宏 主编 [Guo Dehong, ed.], 解放军史鉴 : 解放军史 (1945–1949) [The

34. 杨国宇 主编 [Yang Guoyu, ed.], 当代中国海军 [Contemporary Chinese Navy] (Beijing: China Social Science Press, 1987), 105. 編集委員会の顧問には蕭勁光と、1973年から1982年までPLANの副司令官だった劉道生が参加している。
35. Yang, *Contemporary Chinese Navy*, 105.
36. Wu, *Thirty-Year Navy Commander Xiao Jinguang*, 77–78.
37. 刘华清 [Liu Huaqing], 刘华清回忆录 [Memoirs of Liu Huaqing] (Beijing: Liberation Army Press, 2004), 254. 後の1980年代にPLANの司令官を務めることになる劉華清は、1953年3月に大連海軍学校の副校長に任命された。劉は海軍学校の日常業務を管理し、学内の政治活動を監督した。
38. Wu, *Thirty-Year Navy Commander Xiao Jinguang*, 80–81.
39. Wu, 183–87.
40. 吴殿卿 [Wu Dianqing], "海军第一个五年建设计划制订经过" [The Process of Developing the Navy's First Five-Year Buildup Plan], 党史博览 [General Review of the Communist Party of China], no. 2 (2011): 38.
41. Wu, "The Process of Developing the Navy's First Five-Year Buildup Plan," 38.
42. 以下も参照のこと。Martin Murphy and Toshi Yoshihara, "Fighting the Naval Hegemon: Evolution in French, Soviet, and Chinese Naval Thought," *Naval War College Review* 68, no. 3 (Summer 2015): 27–29.
43. 曲令泉 郭放 [Qu Lingquan and Guo Fang], 卫海强军—新军事革命与中国海军 [Maritime Defense and Strong Military—The New Military Revolution and the Chinese Navy] (Beijing: Haichao, 2004), 110.
44. Editorial Committee of History of the Navy, *History of the Navy*, 32.
45. Deng, *The Outline of the Military History of the People's Republic of China*, 187. 張愛萍が旧国民党軍に対する政策を概説するために行った演説については以下を参照のこと。汪世喜 [Wang Shixi], "张爱萍将军与华东海军" [General Zhang Aiping and the East China Navy], 党史文汇 [Corpus of Party History], no. 12 (2008): 36–37. 汪は国民党軍の水兵で、反乱を起こし共産党に入党した。
46. Wu, *Thirty-Year Navy Commander Xiao Jinguang*, 192.
47. 萧劲光 [Xiao Jinguang], 萧劲光回忆录 [Memoirs of Xiao Jinguang] (Beijing: Contemporary China Press, 2013), 231.
48. Fang et al., *History of the Liberation Army*, 63.
49. Yang, *Contemporary Chinese Navy*, 42.

18. 萧劲光 吴宏博 [Xiao Jinguang and Wu Hongbo], " 组建新中国海军领导机关 " [The Founding of the New Chinese Navy's Leading Institutions], 军事历史研究 [Military History Research], no. 6 (November 2016): 119. この記事は、PLANの政治部がまとめた蕭勁光のオーラルヒストリーで、編集スタッフだった呉宏博が編集を担当した。
19. Wu, *Thirty-Year Navy Commander Xiao Jinguang*, 167.
20. 邓礼峰 [Deng Lifeng, ed.], 中华人民共和国军事史要 [Military History of the People's Republic of China] (Beijing: Military Science Press, 2005), 188. 軍事科学院軍事歴史研究部のメンバーが編纂した。こちらも参照のこと。当代中国丛书编辑部 [Editorial Department of the Contemporary China Book Series], 中国人民解放军 (下) [People's Liberation Army (Vol. 2)] (Beijing: Contemporary China Publisher, 1994), 27.
21. Xiao and Wu, "The Founding of the New Chinese Navy's Leading Institutions," 121.
22. Xiao and Wu, 121.
23. Xiao and Wu, 121.
24. Wu, *Thirty-Year Navy Commander Xiao Jinguang*, 180–83.
25. 海军史编委 [Editorial Committee of History of the Navy], 海军史 [History of the Navy] (Beijing: Liberation Army Press, 1989), 20–21. 編集委員会の責任者は、1988年から1996年までPLANの元司令官であった張連忠海軍大将である。
26. Xiao and Wu, "The Founding of the New Chinese Navy's Leading Institutions," 120.
27. Wu, *Blue Files*, 90.
28. 房功利 杨学军 相伟 [Fang Gongli, Yang Xuejun, and Xiang Wei], 中国人民解放军海军60年 [60 Years of the Chinese People's Liberation Navy] (Qingdao: Qingdao Press, 2009), 80. この本は、1949年4月のPLAN創立から60周年を記念して出版された。
29. Xiao and Wu, "The Founding of the New Chinese Navy's Leading Institutions," 119.
30. Fang et al., *60 Years of the Chinese People's Liberation Navy*, 80.
31. Fang et al., *History of the Liberation Army*, 80–88.
32. Wu, *Thirty-Year Navy Commander Xiao Jinguang*, 171.
33. Wu, 173.

Chinese Navy] (Beijing: Renmin, 2015).

2. Hu, 242–43.
3. 掃海任務の詳細については、以下を参照。蔡明岑 [Cai Mingling], "突破长江口" [Breaking through the Mouth of the Yangzi River], 舰载武器 [Shipborne Weapons], no. 7 (July 2007): 43–45.
4. 陆其明 [Lu Qiming], 组建第一支人民海军部队的创始人 [The Founder of the People's Navy's First Fleet] (Beijing: Haichao, 2006), 85.
5. 房功利 杨学军 相伟 [Fang Gongli, Yang Xuejun, and Xiang Wei], 解放军史鉴 : 中国人民解放军海军史 [History of the Liberation Army: History of the People's Liberation Army Navy] (Qingdao: Qingdao Press, 2014), 110.
6. Fang et al., 110.
7. 王伟 张德彬 主编 [Wang Wei and Zhang Debin, eds.], 渡海登岛 : 战例与战法研究 [Cross-Sea Island Landings: Research on Case Studies and Tactics] (Beijing: Military Science Press [military circulation], 2002), 46.
8. Wang and Zhang, 47–48.
9. 中国海军百科全书编审委员会 [Editorial Committee of the Chinese Navy Encyclopedia], 中国海军百科全书 [Chinese Navy Encyclopedia] (Beijing: Haichao, 1999), 1398; and Fang et al., *History of the Liberation Army*, 100–111.
10. Fang et al., *History of the Liberation Army*, 111.
11. Hu, *Zhang Aiping and the New Chinese Navy*, 284.
12. Hu, 293.
13. Hu, 296–97.
14. Mao Tse-tung, *Selected Works of Mao Tse-tung*, Vol. 5 (Beijing: Foreign Language Press, 1966), 15–18.
15. 罗元生 [Luo Yuansheng], 共和国首任海军司令员肖劲光战传 [Biography of First Navy Commander Xiao Jinguang] (Beijing: Great Wall Press, 2013), 156.
16. 吴殿卿 [Wu Dianqing], 三十年海军司令萧劲光 [Thirty-Year Navy Commander Xiao Jinguang] (Taiyuan, Shanxi: Shanxi People's Press, 2013), 165.
17. 吴殿卿 [Wu Dianqing], 蓝色档案—新中国海军大事纪实 [Blue Files—A Documentary of the Main Events of New China's Navy] (Taiyuan: Shanxi People's Press, 2015), 87.

器 [Ship-borne Weapons], no. 9 (2010): 44.
35. Lu, "One Warship and Three Eras," 40.
36. 刘永路 陆儒德 [Liu Yonglu and Lu Rude], " 鏖战大西洋的中国海军军官 " [Chinese Naval Officers in the Fierce Battles of the Atlantic], 当代海军 [Modern Ships], no. 3 (1995): 31.
37. Lu, *A Maritime Advocate*, 205.
38. 慕安 [Mu An], " 毛泽东与林则徐的侄孙林遵少将 " [Mao Zedong and Lin Zexu's Nephew, Rear Admiral Lin Zun], 党史博览 [General Review of the Communist Party of China], no. 9 (2007): 10.
39. 吴殿卿 [Wu Dianqing], " 毛泽东：一定要建立强大海军 " [Mao Zedong: Must Build a Powerful Navy], 党史博览 [General Review of the Communist Party of China], no. 4 (2009): 5.
40. Huang et al., "The Founding of the East China Military Region Navy," 121.
41. 中国の資料では、海軍学校の指揮階梯として「大隊」と「中隊」が言及されている。この2つの用語に英語の定訳はないが、PLANの指揮階梯では通常、「大隊」は連隊クラス、「中隊」は大隊クラスの組織を指す。「大隊」は一般に、"squadron（戦隊）"と訳される。本研究では、水上部隊の組織において、"squadron（戦隊）"という用語を「大隊」の訳語として使用する。Office of Naval Intelligence, *China's Navy 2007* (Suitland, MD: Office of Naval Intelligence, 2007), 4–5.
42. Huang et al., "The Founding of the East China Military Region Navy," 121.
43. Shi, *Survey of World Naval Affairs*, 437–38.
44. Lu, *The Founder of the People's Navy's First Fleet*, 59.
45. 王彦 [Wang Yan], " 忆三野第 35 军改编到华东海军 " [Reminiscing the Reorganization of the Third Field Army's 35th Corps into the East China Navy], 当代海军 [Modern Navy], no. 3 (1999): 58. 著者は、第3野戦軍の山岳砲兵部隊の隊員で後に華東海軍に転属したが、上海の第7戦隊に派遣される前に華東海軍士官学校で5カ月の予科練習を受けた。
46. Lu, *The Founder of the People's Navy's First Fleet*, 39.
47. Hu, *Zhang Aiping and the New Chinese Navy*, 118–22.

第4章

1. 胡士弘 [Hu Shihong], 张爱萍与新中国海军 [Zhang Aiping and the New

20. Hu, *Zhang Aiping and the New Chinese Navy*, 51.
21. 金声の元部下である徐時舗は、元中華民国国防部参謀総長の陳誠の計画将校を務め、桂永清海軍総司令とも親しかった。
22. Hu, *Zhang Aiping and the New Chinese Navy*, 111.
23. Huang et al., "The Founding of the East China Military Region Navy," 119.
24. 上海の新聞「大公報」に掲載された宣言文の全文はこちらを参照のこと。黄传会 周欲行 [Huang Chuanhui and Zhou Yuxing], 中国海军 [The Chinese Navy] (Beijing: China Publishing Group, 2019), 28–29. See also Wu, *Blue Files*, 32–34.
25. Lu, *A Maritime Advocate*, 196.
26. 吴殿卿 [Wu Dianqing], " 人民海军装备建设史话：香港买船 " [History of People's Navy's Equipment Buildup: Ship Purchase in Hong Kong], 铁军 [*Iron Army*], no. 1 (2013): 36–37. この定期刊行物は新第 4 軍・華中根拠地研究会が発行している。「鉄軍」とは中国共産党初の武装集団を指し、その後継部隊はいずれも輝かしい作戦の歴史を誇っている。現在、第 54 集団の第 127 師団が「鉄軍」の称号を掲げている。
27. 徐平 [Xu Ping], " 共和国永远不会忘记—记张爱萍将军 " [The Republic Will Never Forget—In Remembrance of General Zhang Aiping], 人民海军 [People's Navy], December 14, 2011, 3. 徐平は大連の旧海軍政治学院の副院長だった。彼は華東軍区海軍の兵站部門に勤務していたとき、張と曽の会話を目撃している。
28. Huang et al., "The Founding of the East China Military Region Navy," 123.
29. 当代中国丛书编辑部 [Editorial Department of the Contemporary China Book Series], 中国人民解放军（下）[People's Liberation Army (Volume 2)] (Beijing: Contemporary China Publisher, 1994), 32.
30. Huang and Zhou, *The Chinese Navy*, 64–65.
31. Huang et al., "The Founding of the East China Military Region Navy," 124.
32. 吴殿卿 [Wu Dianqing], " 新中国海军第一代指挥 ' 南昌 ' 号 " [The New Chinese Navy's First Commander of *Nanchang*], 党史博览 [General Review of the Communist Party of China], no. 9 (2008): 45.
33. 吕俊军 [Lu Junjun], " 一艘军舰与三个时代 回顾 ' 南昌 ' 舰和他的前身 " [One Warship and Three Eras: A Retrospective of *Nanchang* and Its Previous Lives], 现代舰船 [Modern Ships], no. 10 (2004): 39.
34. 郭哗旻 [Guo Huamin], "' 长治 ' 号传奇 " [The Legend of *Changzhi*], 舰载武

Elleman, *A History of the Modern Chinese Navy* (London: Routledge, 2021), 133–45.

6. 吴殿卿 [Wu Dianqing], 蓝色档案—新中国海军大事纪实 [Blue Files—A Documentary of the Main Events of New China's Navy] (Taiyuan, Shanxi: Shanxi People's Press, 2015), 26–27.
7. 「重慶」の指揮官であった鄧兆祥少将は、PLANで輝かしい経歴を残すことになる。鄧は後に北海艦隊副司令官とPLAN副司令官に昇進した。冯晓红 [Feng Xiaohong], "毛泽东与邓兆祥少将" [Mao Zedong and Rear Admiral Deng Zhaoxiang], 文史精华 [Selected Works of Literature and History], no. 11 (2009): 4–10.
8. 吴殿卿 [Wu Dianqing], "毛泽东关心中国海军建设纪实" [A Documentary of Mao Zedong's Interest in the Chinese Navy's Buildup], 当代海军 [Modern Navy], no. 3 (1999): 5.
9. 张晓林 班海滨 [Zhang Xiaolin and Ban Haibin], "渡江战役与人民海军的创建" [The Cross-River Campaign and the Founding of the People's Navy], 军事历史研究 [Military History Research], no. 2 (1989): 20.
10. 陆其明 [Lu Qiming], 组建第一支人民海军部队的创始人 [The Founder of the People's Navy's First Fleet] (Beijing: Haichao, 2006), 8.
11. 胡士弘 [Hu Shihong], 张爱萍与新中国海军 [Zhang Aiping and the New Chinese Navy] (Beijing: Renmin, 2015), 18–20.
12. 史滇生 [Shi Diansheng], 世界海军军事概论 [Survey of World Naval Affairs] (Beijing: Haichao, 2003), 433.
13. Lu, *The Founder of the People's Navy's First Fleet*, 11; および、Hu, *Zhang Aiping and the New Chinese Navy*, 42. ソ連の小説はおそらく、1933年に出版されたアレクセイ・ノビコフ＝プリボイによる『ツシマ』（邦訳、原書房）で、1930年代の中国では梅雨による翻訳（1937年上海にて出版、1946年再販）が入手可能であった。http://www.worldcat.org を参照。
14. 陆儒德 [Lu Rude], 江海客：毛泽东 [A Maritime Advocate: Mao Zedong] (Beijing: Ocean Publisher, 2009), 190.
15. Huang et al., "The Founding of the East China Military Region Navy," 118.
16. Lu, *A Maritime Advocate*, 172.
17. Hu, *Zhang Aiping and the New Chinese Navy*, 55.
18. Lu, *The Founder of the People's Navy's First Fleet*, 25.
19. Lu, *The Founder of the People's Navy's First Fleet*, 31.

133–34.

19. He Di, "The Last Campaign to Unify China," 73–74. ヘ・ディは、1949年6月から1950年6月の朝鮮戦争勃発までの台湾征服に関する中国共産党の考え方と計画について、英語文献としては最も優れた記述を提供している。
20. 中国人民解放军军史编写组 [Editorial Team of the Chinese People's Liberation Army's Military History], 中国人民解放军军史 第四卷 [Military History of the Chinese People's Liberation Army, Vol. 4] (Beijing: Academy of Military Science, 2011), 112.
21. Editorial Team of the Chinese People's Liberation Army's Military History, 112–13.

第3章

1. 黄胜天 魏慈航 朱晓辉 [Huang Shengtian, Wei Cihang, and Zhu Xiaohui], "华东军区海军的创建" [The Founding of the East China Military Region Navy], 军事历史研究 [Military History Research] 30, no. 1 (January 2016): 116. 黄勝天は華東軍区海軍が創設されたとき、若き作戦参謀だった。後には中国東海艦隊の副参謀長を務めることになる。記事の内容は黄勝天が口頭で語り、書き起こした文章を魏慈航と朱暁輝が編集したもの。
2. S. C. M. Paine, *The Wars for Asia: 1911–1949* (Cambridge: Cambridge University Press, 2012), 258.
3. Edward L. Dreyer, *China at War, 1901–1949* (London: Longman, 1995), 345.
4. Paine, *The Wars for Asia, 1911–1949*, 258.
5. 「重慶」は元イギリスの軽巡洋艦「オーロラ」だった。イギリスは第2次世界大戦中の中国海運の損失に対する補償として、この船を国民党に売却した。5,000トンを超える重慶は、中華民国で最大かつ最強の軍艦だった。これを敵の手に渡さないために、国民党の航空機は1949年3月、天津の大沽港でこの巡洋艦を沈没させた。「重慶」の反乱の詳細については、以下を参照のこと。吴杰章 苏小东 程志发 [Wu Jiezhang, Su Xiaodong, and Cheng Zhifa], 中国近代海军史 [China's Modern Naval History] (Beijing: PLA Press, 1989), 426–30. ブルース・エルマンが「重慶」の反乱とPLAN創設への影響について詳しく解説している。 Bruce

in the Taiwan Strait," *Naval War College Review* 69, no. 2 (Spring 2016): 94. William Whitson, "The Field Army in Chinese Communist Military Politics," *China Quarterly*, no. 37 (March 1969): 7. "History of the PLA's Ground Force Organizational Structure and Military Regions," RUSI, June 17, 2004, https://rusi.org/explore-our-research/publications/commentary/history-plas-ground-force-organisational-structure-and-military-regions. See Office of Naval Intelligence, *China's Navy 2007* (Suitland, MD: Office of Naval Intelligence, 2007), 2.

12. 参考として、以下に現代のPLAの指揮階梯を示す。「班」(分隊相当、10人)、「排」(小隊相当、約40人)、「連」(中隊相当、120人〜150人)、「営」(大隊相当、200人〜700人)、「団」(連隊相当、1,000人〜2,500人)、「師」(師団相当、8,000人〜10,000人)。2000年代はじめの再編以前は3〜4の団(連隊)が師(師団)を構成し、その人数は1万人から1万2,000人だった。さらに、少なくとも4個師団と数個連隊が「集団軍」を形成する(軍団相当、30,000人〜50,000人)。2015年の改革以前のPLAの指揮階梯に関する詳細な分析については、以下を参照。Dennis J. Blasko, The Chinese Army Today: Tradition and Transformation for the 21st Century, 2nd ed. (London: Routledge, 2012), 43–51. 1970年代のPLAの組織もほぼ同様で、12人の部隊で1分隊を、3個の分隊で37人の小隊を、3個の小隊で160人の中隊を、3個の中隊で800人の大隊を、3個の大隊で3,000人の連隊を、3個の連隊で12,000人の1個師団を形成した。以下を参照のこと。Harvey W. Nelsen, *The Chinese Military System: An Organizational Study of the Chinese People's Liberation Army* (Boulder, CO: Westview, 1977), 4. Note that Nelsen refers to *jun* as "corps."
13. Westad, *Decisive Encounters*, 199.
14. Li, *A History of the Modern Chinese Army*, 75.
15. Westad, *Decisive Encounters*, 197.
16. 王厚卿 主编 [Wang Houqing, ed.], 战役发展史 [The History of Campaign Development] (Beijing: National Defense University Press, 2008), 543.
17. Wang, 547–52.
18. 1950年6月、中央軍事委員会は野戦軍の地方軍司令部への移行を命じた。第3野戦軍が再編され、華東方面軍司令部が設置された。浙江省と福建省の沿岸部を含む6つの省を占領したその戦術部隊は、地域司令部の地理的範囲を示した。Li, *A History of the Modern Chinese Army*,

Value of Amphibious Operations," *U.S. Naval Institute Proceedings* 144, no. 11 (November 2018), 24–28, https://www.usni.org/magazines/proceedings/2018/november/china-has-learned-value-amphibious-operations.

8. Bernard D. Cole, "More Red Than Expert: Chinese Sea Power during the Cold War," in *China Goes to Sea: Maritime Transformation in Comparative Historical Perspective*, ed. Andrew S. Erickson, Lyle J. Goldstein, and Carnes Lord, 320–40 (Annapolis, MD: Naval Institute Press, 2009); および、Bernard D. Cole, "The People's Liberation Army Navy after Half a Century: Lessons Learned in Beijing," in *The Lessons of History: The Chinese People's Liberation Army at 75*, ed. Laurie Burkitt, Andrew Scobell, and Larry M. Wortzel, 157–91 (Carlisle, PA: Strategic Studies Institute, Army War College, 2003).
9. Carl von Clausewitz, *On War*, ed. and trans. Michael Howard and Peter Paret (Princeton, NJ: Princeton University Press, 1984), 128.
10. 1927年から1949年までの共産主義勢力の変遷については、以下を参照のこと。 Li, *A History of the Modern Chinese Army*, 45–78.
11. この時期のPLAの陸軍組織の呼称については、欧米の資料の間で一貫性がない。「兵団」は "army corps"、"army group"、"group army" と呼ばれている。「軍」は "army" や "corps" と呼ばれたり、あるいは訳出されなかったりしている。混同を避けるため、本研究では「兵団」を "army"、「軍」を "corp" と呼ぶ。ヘ・ディは「兵団」を "army corps" と呼んでいる。Xiaobing Li とロナルド・スペクターは、「兵団」を "army group"、「軍」を "army" と呼んでいる。Shuguang Zhang は「兵団」を "group army" と呼ぶ。Jon Huebner は「軍」を "army" と呼ぶ。Miles Yu は「兵団」を "army" と呼び、「軍」を "corp" と呼ぶ。以下を参照のこと。He Di, "The Last Campaign to Unify China: The CCP's Unrealized Plan to Liberate Taiwan, 1949–1950," in *Chinese Warfighting*, ed. Ryan et al., 78; Li, *A History of the Modern Chinese Army*, 76; Ronald Spector, "The Battle That Saved Taiwan," *Quarterly Journal of Military History* 25, no. 1 (Autumn 2012): 10; Shuguang Zhang, "'Preparedness Eliminates Mishaps': The CCP's Security Concerns in 1949–1950 and the Origins of Sino-American Confrontation," *Journal of American–East Asian Relations* 1, no. 1 (Spring 1992): 50; Jon W. Huebner, "The Abortive Liberation of Taiwan," *China Quarterly*, no. 110 (June 1987): 263; および、Miles Maochun Yu, "The Battle of Quemoy: The Amphibious Assault That Held the Postwar Military Balance

第2章

1. Bernard D. Cole, *The Great Wall at Sea: China's Navy in the Twenty-First Century*, 2nd ed. (Annapolis, MD: Naval Institute Press, 2010); James C. Bussert and Bruce A. Elleman, *The People's Liberation Army Navy* (Annapolis, MD: Naval Institute Press, 2011); Philip C. Saunders, Christopher Yung, Michael Swaine, and Andrew N. Yang, eds., *The Chinese Navy: Expanding Capabilities, Evolving Roles* (Washington, DC: National Defense University Press, 2012); Yves-Heng Lim, *China's Naval Power: An Offensive Realist Approach* (Surrey, UK: Ashgate, 2014); Andrew S. Erickson, ed., *Chinese Naval Shipbuilding: An Ambitious and Uncertain Course* (Annapolis, MD: Naval Institute Press, 2017); Toshi Yoshihara and James R. Holmes, *Red Star over the Pacific: China's Rise and the Challenge to U.S. Maritime Strategy*, 2nd ed. (Annapolis, MD: Naval Institute Press, 2019 邦訳『太平洋の赤い星』バジリコ); および、Michael A. McDevitt, *China as a Twenty-First-Century Naval Power: Theory, Practice, and Implications* (Annapolis, MD: Naval Institute Press, 2020).
2. Cole, *The Great Wall at Sea*, 16–20.
3. Bruce Swanson, *The Eighth Voyage of the Dragon: A History of China's Quest for Seapower* (Annapolis, MD: Naval Institute Press, 1982); および、David G. Muller, *China as a Maritime Power* (Boulder, CO: Westview, 1983).
4. Bruce Elleman, *A History of the Modern Chinese Navy* (London: Routledge, 2021).
5. Edward L. Dreyer, *China at War, 1901–1949* (London: Longman, 1995); Odd Arne Westad, *Decisive Encounters: The Chinese Civil War, 1946–1950* (Stanford, CA: Stanford University Press, 2003); Mark A. Ryan, David M. Finkelstein, and Michael A. McDevitt, eds., *Chinese Warfighting: The PLA Experience since 1949* (Armonk, NY: M. E. Sharpe, 2003); Xiaobing Li, *A History of the Modern Chinese Army* (Lexington: University of Kentucky Press, 2007); および、Bruce Elleman, *Taiwan Straits: Crisis in Asia and the Role of the U.S. Navy* (Lanham, MD: Rowman and Littlefield, 2015).
6. Dale C. Rielage, "The Chinese Navy's Missing Years," *Naval History* 32, no. 6 (November–December 2018), 18–25, https://www.usni.org/magazines/naval-history-magazine/2018/december/chinese-navys-missing-years.
7. William Bowers and Christopher D. Yung, "China Has the Learned the

第1章

1. Geoffrey Till, *Seapower: A Guide of the Twenty-First Century*, 2nd ed. (London: Routledge, 2004), 21.
2. 霍小勇 主编 [Huo Xiaoyong, ed.], 军种战略学 [The Science of Service Strategies](Beijing: National Defense University, 2008), 260.
3. 陈访友 主编 [Chen Fangyou, ed.], 海军战役学教程 [Course Materials on the Science of Naval Campaigns] (Beijing: National Defense University, 1991), 11.
4. You Ji, *The Armed Forces of China* (London: I. B. Tauris, 1999), 164; James R. Holmes and Toshi Yoshihara, *Chinese Naval Strategy in the 21st Century: The Turn to Mahan* (London: Routledge, 2008), 27–39; および、Nan Li, "The Evolution of China's Naval Strategy and Capabilities: From 'Near Coast' and 'Near Seas' to 'Far Seas,'" *Asian Security* 5, no. 2 (2009): 154–56.
5. 杜景臣 主编 [Du Jingchen, ed.], 中国海军军人手册 [Handbook for Officers and Enlisted of the Chinese PLA Navy] (Beijing: Haichao, 2012), 7–11. 本書はPLAN司令部によって発行された。
6. 尚金锁 吴子欣 陈立旭 主编 [Shang Jinsuo, Wu Zixin, and Chen Lixu, eds.], 毛泽东军事思想与高技术条件下局部战争 [Mao Zedong's Military Thought and Local Wars under High-Technology Conditions] (Beijing: Liberation Army Press, 2002), 50–57.
7. 中国海军百科全书编审委员会 [Editorial Committee of the Chinese Navy Encyclopedia], 中国海军百科全书 [Chinese Navy Encyclopedia] (Beijing: Haichao, 1999), 731.
8. 中国海警は、2018年の組織再編以降、正式には中国人民武装警察部隊海警総隊と呼ばれる。海上民兵部隊は中国海上民兵が正式名称である。
9. 1958年の台湾海峡危機における毛沢東の指導方針については、以下を参照のこと。 Chen Jian, *Mao's China and the Cold War* (Chapel Hill: University of North Carolina Press, 2001), 163–204.

Liberation Army Press, 2008.
杨贵华 主编 [Yang Guihua, ed.]. 中国人民解放军战史教程 [Course Materials on the Chinese People's Liberation Army's War History]. Beijing: Military Science Press, 2013.
杨国宇 主编 [Yang Guoyu, ed.]. 当代中国海军 [Contemporary Chinese Navy]. Beijing: China Social Science Press, 1987.
叶飞 [Ye Fei]. 叶飞回忆录 [Memoirs of Ye Fei]. Beijing: Liberation Army Press, 2007.
Yu, Miles Maochun. "The Battle of Quemoy: The Amphibious Assault That Held the Postwar Military Balance in the Taiwan Strait." Naval War College Review 69, no. 2 (Spring 2016): 91–107.
张连宋 王其云 主编 [Zhang Liansong and Wang Qiyun, eds.]. 由海向陆的战争生命线中外重要登陆作战的后勤保障 [War's Lifeline from the Sea to the Land: Logistical Support in Important Landing Operations in China and Overseas]. Beijing: Haichao, 2005.
鄭維中 王懷慶 [Zheng Weizhong and Wang Huaiqing]. "1950 年國軍舟山轉進作戰情報作爲與得失啓示" [The 1950 Nationalist Information Operations during the Zhoushan Withdrawal and the Lessons from the Gains and Losses]. 陸軍學術雙月刊 [Army Bimonthly] 56, no. 574 (December 2020): 82–102.
朱冬生 主编 [Zhu Dongsheng, ed.]. 江河海岛作战卷 [Volume on Riverine and Island Combat]. Beijing: Liberation Army Press, 2010.

Beijing: Military Science Press [military circulation], 2002.
王文清 梁玉师 郁汉冲 [Wang Wenqing, Liang Yushi, and Yu Hanchong]. 中外岛战 [Chinese and Foreign Island Wars]. Beijing: Liberation Army Press, 2009.
Westad, Odd Arne. Decisive Encounters: The Chinese Civil War, 1946–1950. Stanford, CA: Stanford University Press, 2003.
吴殿卿 [Wu Dianqing]. 蓝色档案—新中国海军大事纪实 [Blue Files—A Documentary of the Main Events of New China's Navy]. Taiyuan: Shanxi People's Press, 2015.
吴殿卿 [Wu Dianqing]. 三十年海军司令萧劲光 [Thirty-Year Navy Commander Xiao Jinguang]. Taiyuan: Shanxi People's Press, 2013.
吴殿卿 袁永安 赵小平 主编 [Wu Dianqing, Yuan Yongan, and Zhao Xiaoping, eds.]. 毛泽东与海军将领 [Mao Zedong and His Navy Generals]. Beijing: People's Press,2013.
吴胜利 胡彦林 [Wu Shengli and Hu Yanlin]. "锻造适应我军历史使命要求的强大人民海军" [Building a Powerful People's Navy That Meets the Requirements of the Historical Mission for Our Military]. 求是 [Qiushi], no. 14 (July 2007): 31–33.
吴胜利 刘晓江 [Wu Shengli and Liu Xiaojiang]. "建设一支与履行新世纪新阶段我军历史使命要求相适应的强大的人民海军" [Building a Powerful People's Navy Adapted to Requirements of Honoring New Historic Missions of the Chinese Mili-tary in the New Century and New Stage]. 求是 [Qiushi], no. 9 (May 2009): 7–9.
萧鸿鸣 萧南溪 萧江 [Xiao Hongming, Xiao Nanxi, and Xiao Jiang]. 金门战役：记事本末 [The Jinmen Campaign: A Record of Events]. Beijing: China Youth Press, 2016.
萧劲光 [Xiao Jinguang]. 萧劲光回忆录 [Memoirs of Xiao Jinguang]. Beijing: Contemporary China Press, 2013.
萧劲光 吴宏博 [Xiao Jinguang and Wu Hongbo]. "组建新中国海军领导机关" [The Founding of the New Chinese Navy's Leading Institutions]. 军事历史研究 [Military History Research], no. 6 (November 2016): 117–22.
杨迪 [Yang Di]. 创造渡海作战的奇迹—解放海南岛战役决策指挥的真实记叙 [Creating the Miraculous Cross-Sea Operations—The True Story behind the Campaign Command Decisions in Liberating Hainan Island]. Beijing:

Warfighting: The PLA Experience since 1949. Armonk, NY: M. E. Sharpe, 2003.

尚金锁 吴子欣 陈立旭 主编 [Shang Jinsuo, Wu Zixin, and Chen Lixu, eds.]. 毛泽东军事思想与高技术条件下局部战争 [Mao Zedong's Military Thought and Local Wars under High-Technology Conditions]. Beijing: Liberation Army Press, 2002.

沈金龙 秦生祥 [Shen Jinlong and Qin Shengxiang]. "人民海军：杨帆奋进 70 年" [People's Navy: Sailing and Forging Ahead for 70 Years]. 求是 [Qiushi], no. 8, April 2019. http://www.qstheory.cn/dukan/qs/2019-04/16/c_1124364140.htm.

史滇生 [Shi Diansheng]. 世界海军军事概论 [Survey of World Naval Affairs]. Beijing: Haichao, 2003).

孙剑波 主编 [Sun Jianbo, ed.]. 岛屿战争 [Island Warfare]. Beijing: NORINCO, 2003.

孫祥恩 主編 [Sun Xiangen, ed.]. 登步島戰役 70 周年參戰官兵訪問記錄 [The 70th Anniversary of the Dengbu Island Campaign: A Record of Interviews with Veteran Officers and Troops]. Taipei: Administration Office of the ROC Ministry of National Defense, 2019.

Swanson, Bruce. The Eighth Voyage of the Dragon: A History of China's Quest for Seapower. Annapolis, MD: Naval Institute Press, 1982.

王厚卿 主编 [Wang Houqing, ed.]. 战役发展史 [The History of Campaign Development]. Beijing: National Defense University Press, 2008.

王懷慶 [Wang Huaiqing]. "析論 1949 年金門及登步兩島作戰對國共雙方的影響與啓示" [An Analysis of the 1949 Jinmen and Dengbu Island Operations and Their Influence and Lessons for the Nationalists and the Communists]. 陸軍學術雙月刊 [Army Bimonthly] 55, no. 567 (October 2019): 7–28.

王明瑞 主编 [Wang Mingrui, ed.]. 古寧頭戰役 70 周年紀念冊 [The Guningtou Campaign: 70th Anniversary Memorial Book]. Taipei: ROC Ministry of National Defense Administration Office, 2019.

汪庆广 主编 [Wang Qingguang, ed.]. 岛屿登陆战斗 [Island Landing Combat Operations]. Beijing: Military Science Press [military circulation], 2001.

王伟 张德彬 主编 [Wang Wei and Zhang Debin, eds.]. 渡海登岛：战例与战法研究 [Cross-Sea Island Landings: Research on Case Studies and Tactics].

霍小勇 主编 [Huo Xiaoyong, ed.]. 军种战略学 [The Science of Service Strategies]. Beijing: National Defense University, 2008.
Li, Xiaobing. A History of the Modern Chinese Army. Lexington: University of Kentucky Press, 2007.
梁芳 主编 [Liang Fang, ed.]. 海战史与未来海战研究 [The History of Sea Battles and Research on Future Sea Battles]. Beijing: Haiyang, 2007.
林福隆 [Lin Fulong]. "金門古寧頭之戰：從戡亂到保臺" [The Battle of Jinmen Guningtou: From Suppression to Securing Taiwan]. 軍事史評論 [Military History Review], no. 26 (June 2019): 5–44.
刘华清 [Liu Huaqing]. 刘华清回忆录 [Memoirs of Liu Huaqing]. Beijing: Liberation Army Press, 2004.
刘华清 [Liu Huaqing]. 刘华清军事文选 [Selected Military Writings of Liu Huaqing]. Beijing: Liberation Army Press, 2008.
刘统 [Liu Tong]. 跨海之战：金门 海南 一江山 [Cross-Sea Battles: Jinmen, Hainan, and Yijiangshan]. Beijing: SDX Joint Publishing, 2010.
陆其明 [Lu Qiming]. 组建第一支人民海军部队的创始人 [The Founder of the People's Navy's First Fleet]. Beijing: Haichao, 2006.
陆儒德 [Lu Rude]. 江海客：毛泽东 [A Maritime Advocate: Mao Zedong]. Beijing: Ocean Publisher, 2009.
陆儒德 [Lu Rude]. 中国海军之路 [The Path of the Chinese Navy]. Dalian: Dalian Press, 2007.
罗元生 [Luo Yuansheng]. 共和国首任海军司令员肖劲光战传 [Biography of First Navy Commander Xiao Jinguang]. Beijing: Great Wall Press, 2013.
军事科学院军事历史研究部 [Military History Research Department of the Academy of Military Science]. 第二次世界大战史 1–5 卷 [History of World War II, Vol. 1–5]. Beijing: Academy of Military Science, 2015.
Muller, David G. China as a Maritime Power. Boulder, CO: Westview, 1983.
Office of Naval Intelligence. China's Navy, 2007. Suitland, MD: ONI, 2007.
Paine, S. C. M. The Wars for Asia, 1911–1949. Cambridge: Cambridge University Press, 2012.
Rielage, Dale C. "The Chinese Navy's Missing Years." Naval History 32, no. 6 (November– December 2018): 18–25. https://www.usni.org/magazines/naval-history-magazine/2018/december/chinese-navys-missing-years.
Ryan, Mark A., David M. Finkelstein, and Michael A. McDevitt, eds. Chinese

海军史编委 [Editorial Committee of the History of the Navy]. 海军史 [History of the Navy]. Beijing: Liberation Army Press, 1989.
当代中国丛书编辑部 [Editorial Department of the Contemporary China Book Series]. 中国人民解放军（下）[People's Liberation Army (Vol. 2)]. Beijing: Contemporary China Publisher, 1994.
南京军区编辑室 [Editorial Office of the Nanjing Military Region]. 中国人民解放军第三野战军战史 [War History of the Third Field Army of the People's Liberation Army]. Beijing: Liberation Army Press, 2008.
中国人民解放军军史编写组 [Editorial Team of the Chinese People's Liberation Army's Military History]. 中国人民解放军军史 第四卷 [Military History of the Chinese People's Liberation Army, Vol. 4]. Beijing: Academy of Military Science, 2011.
第 四 野 战 军 战 史 编 写 组 [Editorial Team of the Fourth Field Army's War History]. 第四野战军战史 [War History of the Fourth Field Army of the People's Liberation Army]. Beijing: Liberation Army Press, 2008.
Elleman, Bruce. A History of the Modern Chinese Navy. London: Routledge, 2021.
房功利 杨学军 相伟 [Fang Gongli, Yang Xuejun, and Xiang Wei]. 中国人民解放军海军 60 年 [60 Years of the Chinese People's Liberation Navy]. Qingdao: Qingdao Press, 2009.
房功利 杨学军 相伟 [Fang Gongli, Yang Xuejun, and Xiang Wei]. 解放军史鉴：中国人民解放军海军史 [History of the Liberation Army: History of the People's Liberation Army Navy]. Qingdao: Qingdao Press, 2014.
郭德宏 主编 [Guo Dehong, ed.]. 解放军史鉴：解放军史 (1945–1949) [The Annals of the Liberation Army: History of the Liberation Army (1945–1949)]. Qingdao: Qingdao Press, 2014.
胡士弘 [Hu Shihong]. 张爱萍与新中国海军 [Zhang Aiping and the New Chinese Navy]. Beijing: Renmin, 2015.
黄传会 周欲行 [Huang Chuanhui and Zhou Yuxing]. 中国海军 [The Chinese Navy]. Beijing: China Publishing Group, 2019.
黄胜天 魏慈航 朱晓辉 [Huang Shengtian, Wei Cihang, and Zhu Xiaohui]. "华东军区海军的创建" [The Founding of the East China Military Region Navy]. 军事历史研究 [Military History Research] 30, no. 1 (January 2016): 115–24.

主要参考文献

Blasko, Dennis J. The Chinese Army Today: Tradition and Transformation for the 21st Century. 2nd ed. London: Routledge, 2012.

陳明仁 [Chen Mingren]. "古寧頭戰役對我遂行島嶼登陸作戰之啟示" [The Guningtou Campaign and Its Lessons for Carrying Out Island Landing Operations]. 海軍學術雙月刊 [Navy Professional Journal] 54, no. 6 (December 2020): 122–138.

陳偉寬 [Chen Weikuan]. "古寧頭戰役：海，空軍作戰研究" [The Guningtou Campaign: Research on Naval and Air Operations]. 海軍學術雙月刊 [Navy Professional Journal] 53, no. 6 (December 2019): 6–22.

陈偉忠 [Chen Weizhong]. "戡亂海南島戰役之研究" [Research on the Suppression Efforts in the Hainan Island Campaign]. 軍事評論史 [Military History Review], no. 27 (June 2020): 69–116.

陈新民 徐国成 罗峰 主编 [Chen Xinmin, Xu Guocheng, and Luo Feng, eds.]. 岛屿作战研究 [Research on Island Operations]. Beijing: Military Science Press [military circulation], 2002.

陈泽华 [Chen Zehua]. 解放战争海南敌后游击战纪实 [A Documentary of Guerilla Warfare behind Enemy Lines on Hainan during the War of Liberation]. Beijing: Liberation Army Press, 2011.

Cole, Bernard D. The Great Wall at Sea: China's Navy Enters the Twenty-First Century. 2nd ed. Annapolis, MD: Naval Institute Press, 2001.

邓礼峰 主编 [Deng Lifeng, ed.]. 中华人民共和国军事史要 [The Outline of the Military History of the People's Republic of China]. Beijing: Military Science Press, 2005.

丁一平 李洛荣 龚连娣 [Ding Yiping, Li Luorong, and Gong Liandi]. 世界海军史 [World Naval History]. Beijing: Haichao, 2000.

杜景臣 主编 [Du Jingchen, ed.]. 中国海军军人手册 [Handbook for Officers and Enlisted of the Chinese PLA Navy]. Beijing: Haichao, 2012.

中国海军百科全书编审委员会 [Editorial Committee of the Chinese Navy Encyclopedia]. 中国海军百科全书 [Chinese Navy Encyclopedia]. Beijing: Haichao, 1999.

【や行】

【ら行】

【わ行】

【な行】

【は行】

【ま行】

【さ行】

索引

著者　トシ・ヨシハラ

米政策研究機関「戦略予算評価センター（CSBA）」上級研究員。米海軍大学戦略学教授を長年務め、中国の海洋戦略研究で米有数の権威とされる。アジア太平洋研究所ジョン・A・ヴァン・ビューレン議長、タフツ大学フレッチャー法律外交大学院、カリフォルニア大学サンディエゴ校国際政策戦略学部、米空軍大学戦略部の客員教授を歴任。2016年、米海軍大学での海軍・戦略に関する学識が認められ、海軍功労文民賞を受賞。おもな著作に『太平洋の赤い星』（共著、バジリコ）『中国海軍VS.海上自衛隊』（ビジネス社）など。

訳者　田北真樹子

産経新聞月刊「正論」編集長。米国シアトル大学コミュニケーション学部でジャーナリズムを専攻し、96年産経新聞入社。2000年から政治部。09年にニューデリー支局長に就任。13年以降は、「歴史戦」取材班などで慰安婦問題などを取材。15年に政治部に戻り首相官邸キャップを経て、現職。

監修　山本勝也

笹川平和財団主任研究員。元海将補。防衛大学校卒業。中国人民解放軍国防大学、政策研究大学院大学（修士）修了。海上自衛隊で護衛艦しらゆき艦長、在中国防衛駐在官、統合幕僚監部防衛交流班長、海上自衛隊幹部学校戦略研究室長、アメリカ海軍大学連絡官兼教授、統合幕僚学校第1教官室長、防衛研究所教育部長などを歴任。2023年に退官し現職。海洋安全保障、中国の軍事戦略が専門。

毛沢東の兵、海へ行く　島嶼作戦と中国海軍創設の歩み

発行日　2023年12月10日　初版第一刷発行

著　者　トシ・ヨシハラ
訳　者　田北真樹子
監　修　山本勝也

発行者　小池英彦
発行所　株式会社　扶桑社
〒105-8070
東京都港区芝浦1-1-1　浜松町ビルディング
電話　03-6568-8870（編集）
03-6368-8891（郵便室）
www.fusosha.co.jp
印刷・製本　サンケイ総合印刷株式会社

定価はカバーに表示してあります。

Printed in Japan　ISBN 978-4-594-09419-5